智微园大学生科技服务团“协同育人”系列丛书

恩施市传统发酵食品微生物多样性研究

湖北文理学院智微园大学生科技服务团 ◎ 编 著

西南交通大学出版社
·成 都·

图书在版编目（CIP）数据

恩施市传统发酵食品微生物多样性研究 / 湖北文理学院智微园大学生科技服务团编著. —成都：西南交通大学出版社，2019.5
（智微园大学生科技服务团“协同育人”系列丛书）
ISBN 978-7-5643-6876-0

Ⅰ. ①恩… Ⅱ. ①湖… Ⅲ. ①发酵食品 – 食品微生物 – 生物多样性 – 研究 – 恩施 Ⅳ. ①TS201.3

中国版本图书馆 CIP 数据核字（2019）第 093786 号

智微园大学生科技服务团“协同育人”系列丛书

恩施市传统发酵食品微生物多样性研究

湖北文理学院智微园大学生科技服务团　　编著

责任编辑	牛　君
助理编辑	赵永铭
封面设计	曹天擎
出版发行	西南交通大学出版社 （四川省成都市金牛区二环路北一段 111 号 西南交通大学创新大厦 21 楼）
发行部电话	028-87600564　028-87600533
邮政编码	610031
网　　址	http://www.xnjdcbs.com
印　　刷	成都勤德印务有限公司
成品尺寸	170 mm × 230 mm
印　　张	12.5
字　　数	197 千
版　　次	2019 年 5 月第 1 版
印　　次	2019 年 5 月第 1 次
书　　号	ISBN 978-7-5643-6876-0
定　　价	68.00 元

图书如有印装质量问题　本社负责退换

《恩施市传统发酵食品微生物多样性研究》指导教师团队名单

湖北文理学院	郭　壮	张振东	赵慧君
	侯强川	雷　敏	王玉荣
	折米娜	王海燕	汪　娇
恩施市公共检验检测中心	叶　辉	陈　红	任维仲
恩施市农业局	廖　华		
恩施市硒资源保护与开发中心	黄恒兴	严大银	
恩施土家族苗族自治州公共检验检测中心	薛　华	谢义梅	熊　坤

资助项目：

湖北文理学院“协同育人”专项

湖北文理学院学科建设项目

湖北省第七批博士服务团专题调研项目

《恩施市传统发酵食品微生物多样性研究》
智微园大学生科技服务团参与人员名单

食品科学与工程 14 级	蔡宏宇	杨成聪		
食品科学与工程 15 级	沈　馨	王丹丹	邹　金	张　毅
食品质量与安全 15 级	杨小丽			
食品科学与工程 16 级	尚雪娇	董　蕴	倪　慧	周书楠
	杨　江	颜　娜	望诗琪	吕虎晋
	邓　风	杨发容	许小玲	代程洋
食品质量与安全 16 级	舒　娜			
食品科学与工程 17 级	葛东颖	向凡舒	崔梦君	李　娜
	雷　炎	马佳佳	张逸舒	
食品科学与工程 18 级	刘雪婷	马彬杰	魏冰倩	周亚澳

前　言

恩施土家族苗族自治州恩施市地处湖北省西南部，紧邻湘、渝，被大巴山、巫山、齐岳山和武陵山等山脉环绕，境内地势复杂，河谷深切，河流较多。生活着汉族、土家族和苗族等 27 个民族，少数民族文化多姿多彩，传统发酵食品制作技艺更是不胜枚举。传统发酵食品中微生物的构成不仅影响了产品的风味品质，同时其含有的一些条件致病菌亦可能存在一定安全隐患，因而对传统发酵食品的微生物多样性进行解析则显得尤为重要。

根据《湖北文理学院“协同育人 337 工程”实施方案》和《湖北文理学院“双百行动计划”实施细则》，智微园大学生科技服务团与恩施市农业局、恩施市公共检验检测中心、恩施市硒资源保护与开发中心和恩施土家族苗族自治州公共检验检测中心合作，以“恩施市传统发酵食品微生物多样性研究”为切入点，积极引导食品科学与工程、食品质量与安全专业本科生参与科研创新活动，在发酵肉制品、发酵蔬菜制品、腌制蔬菜制品、发酵酒制品和发酵豆制品微生物多样性解析及传统发酵食品微生物分离、鉴定、收集和保藏等方面取得了初步的研究成果。

本书将团队成员前期发表的学术论文集结成册，以便于食品科学与工程类专业师生、第三方检测平台和发酵食品生产企业技术人员翻阅斧正。全书共分 6 章，第 1 章为恩施市发酵肉制品微生物多样性解析，第 2 章为恩施市发酵蔬菜制品微生物多样性解析，第 3 章为恩施市腌制蔬菜制品微生物多样性解析，第 4 章为恩施市发酵酒制品微生物多样性解析，第 5 章为恩施市发酵豆制品微生物多样性解析，第 6 章为恩施市传统发酵食品和长寿老人肠道中乳酸菌和双歧杆菌分离株目录。

本书的出版得到了湖北文理学院“协同育人”专项、湖北文理学院学科建设项目和湖北省第七批博士服务团专题调研项目经费资助，在此我们表示感谢。

编　者

2018 年 11 月

目　录

第 1 章　恩施市发酵肉制品微生物多样性解析

1.1　恩施市腊肠细菌多样性解析

中式腊肠创于南北朝前期，是一种外形美观、味道鲜醇、营养丰富的传统风味肉制品[1]。传统中式腊肠多采用自然发酵的方式制作，而被称为“世界硒都”的恩施土家族苗族自治州境内以山地为主体，少数民族文化多样，较好地保留了这种传统腊肠制作工艺[2]。该地生产的腊肠以散养鄂西土猪猪肉为原料，添加食盐、白酒、香辛料、八角和花椒等辅料用松柏木熏制或自然晾晒而成。传统的制作方法、开放的贮藏条件不仅赋予了恩施腊肠鲜香劲道的品质同时也使得原料、香辛料以及环境中复杂的微生物更容易进入腊肠成品中。

近年来研究人员围绕腊肠中微生物多样性开展多项卓有成效的研究。刘长建从腊肠中分离出 35 株具有降胆固醇能力的乳酸菌，通过对比发现 *Lactobacillus casei*（干酪乳杆菌）清除胆固醇的效率最高[3]；谢科采用传统分离培养方法从广式腊肠中分离出 4 株 *Staphylococcus*（葡萄球菌）和 2 株 *lactic acid bacteria*（乳酸菌），使用 PCR-DGGE 技术分析发现 *staphylococcus saprophyticus*（腐生葡萄球菌）、*Lactobacillus*（乳杆菌属）和 *staphylococcus xylosus*（木糖葡萄球菌）为其中主要的优势细菌[4]；Xinhui Wang 采用高通量测序技术对中式干腊肠、中式熏腊肠和香肠中细菌群落结构差异进行了分析，发现中式干腊肠、中式熏腊肠中细菌分布比香肠更为丰富[5]。除此之外，研究人员还对红曲菌[6]、戊糖乳杆菌[7]、葡萄球菌和乳酸菌[8-9]对腊肠品质的影响以及腊肠中风味物质[10-11]进行了分析，然而上述研究多围绕广式腊肠展开，而有关恩施地区腊肠微生物多样性的研究尚少。

本研究采用聚合酶链式反应-变性梯度凝胶电泳（Polymerase Chain Reaction-Denatured Gradient Gel Electrophoresi，PCR-DGGE）与 Illumian Miseq 高通量测序（High-throughput sequencing）技术相结合的方法对采集自恩施土家族苗族自治州的腊肠中细菌群落结构多样性进行了研究，以期为该地区腊肠微生物多样性的解析提供一定的数据支撑。

1.1.1 材料与方法

1. 材料与试剂

腊肠：采集自湖北省恩施市土桥坝和舞阳坝体育场菜市场；聚丙烯酰胺、冰醋酸、酚、尿素、过硫酸铵、四甲基乙二胺、硝酸银、甲醛、乙二胺四乙酸二钠、N,N-亚甲基二丙烯酰胺和氯仿：国药集团化学试剂有限公司；QIAGEN DNeasy mericon Food Kit 提取试剂盒：德国 QIAGEN 公司；Axygen 清洁试剂盒：北京科博汇智生物科技发展有限公司；SolutionI、6×Loading buffer、DNA 聚合酶、dNTP mix、pMD18-T vector 和 10× PCR Buffer：宝生物工程（大连）有限公司；引物由武汉天一辉远生物科技有限公司合成。

2. 仪器与设备

HBM-400B 拍击式无菌均质器：天津市恒奥科技发展有限公司；DCodeTM System：美国 Bio-Rad 公司；VeritiTM 96 孔梯度 PCR 扩增仪：美国 AB 公司；5810R 台式高速冷冻离心机：德国 Eppendorf 公司；ND-2000C 微量紫外分光光度计：美国 Nano Drop 公司；Bio-5000 plus 扫描仪：上海中晶科技有限公司；Miseq PE300 高通量测序平台：美国 Illumina 公司；R920 机架式服务器：美国 DELL 公司。

3. 方 法

（1）样品采集

本研究分别从湖北省恩施市土桥坝和舞阳坝体育场菜市场采集腊肠样品 5 个，编号为 LC1-LC5。

（2）样品预处理微生物宏基因组 DNA 提取

将腊肠切碎后，取 10 g 加入 90 mL 生理盐水，使用拍击器拍击

3 min 后，300 r/min 离心 10 min 取上清，上清液 10 000 r/min 离心 10 min 后取沉淀，参照 QIAGEN DNeasy mericon Food Kit 约束方法进行微生物宏基因组 DNA 提取。

（3）基于 DGGE 技术的腊肠细菌多样性评价

用灭菌双蒸水将各样品宏基因组 DNA 的浓度调至 30 ng/μL 用于后续扩增 PCR 扩增体系为 25 μL，正向和反向引物分别为 LacF-GC-V_3F（5’-CGCCCGGGGCGCGCCCCGGGCGGCCCGGGGGCACCGGGGGCCTACGGGAGGCAGCAG-3’）和 Lac-V_3R（5’-ATTACCGCGGCTGCTGG-3’），扩增条件和程序参照文献 12 和 13 中的方法进行。扩增结束后用 1%的琼脂糖凝胶电泳（2 000 bp 的 Maker 为参照，电压为 120 V，恒压时间为 30 min）检测是否扩增出单一明亮的目的条带。

本研究使用 8%的聚丙烯酰胺凝胶，变性范围为 35%～52%，将 0.5 ×TAE 缓冲溶液温度调至 60 °C，每个胶孔加入 10 μL 扩增产物，120 V 预电泳 78 min 然后 80 V 固定电压下电泳 13 h。电泳结束后的凝胶采用银染法显色，并置于扫描仪上成像[14]。用无菌手术刀回收优势条带，加无菌超纯水过夜，取回溶液 2 μL 进行 PCR 扩增，扩增使用不带 GC 夹子的正反引物各 0.5 μL 以及 12.5 μL 2×PCR mix，用无菌超纯水补齐至 20 μL，扩增程序同 1.2.3。将重新扩增的 PCR 产物用清洁试剂盒清洁后连接至 PMD18-T 载体上，然后导入大肠杆菌 Top10，将筛选出的阳性克隆送至测序公司测序。

（4）基于 Miseq 高通量测序技术的腊肠细菌多样性评价

对样品微生物宏基因组 16s rRNA 的 V_3～V_4 进行扩增，引物为 338F（5’-ACTCCTACGGGAGGCAGCA-3’）和 806R（5’-GGACTACHVGGGT-3’），扩增时在引物的 5’ 端加上核酸标签，扩增体系和条件参照蔡丽云[15]的方法。扩增产物检测合格后寄至上海美吉生物医药科技有限公司进行测序，测序平台为 Illumian Miseq PE300。

将测序数据上传至 R920 机架式服务器端，利用 QIIME 分析平台[16]进行序列分析。原始数据去除低质量序列后采用两步 UCLUST 法[17]在 97%的相似度下划分分类操作单元（Operational taxonomic units，OTU）；从每个 OTU 中挑选代表性序列与 RDP（Ribosomal Database Project，Release 11.5）[18]和 Greengenes（Release 13.8）[17]数据库进行比对后使用 FastTree 软件[19]构建系统发育进化树，并计算 α 多样性。

（5）数据处理

使用多元统计学手段对微生物各分类地位的种类、数量、相对含量以及 α 多样性指数进行计算；序列长度分布图、OTU 出现频率和包含序列数统计图以及腊肠中优势核心 OTU 相对含量的比较分析由 Origin2017 软件绘制；腊肠中优势细菌门属相对含量的比较分析图和腊肠中优势核心 OTU 相对含量的比较分析图由 Excel 2016 绘制。

1.1.2 结果与讨论

1. 基于 DGGE 技术的腊肠细菌多样性分析

本研究首先使用 PCR-DGGE 技术对腊肠样品中细菌的多样性进行了分析，其指纹图谱如图 1-1 所示。

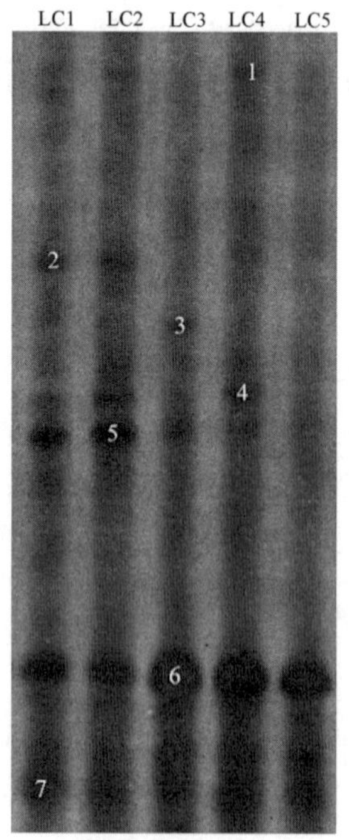

图 1-1 腊肠中细菌的 DGGE 图谱

注：编号 1～7 为优势条带编号，分别对应 LC01～LC07。

由图 1-1 可知，条带 6 和条带 7 亮度远高于其他 5 个条带且在每个样品中均存在，这说明条带 6 和条带 7 所代表的细菌可能为腊肠样品中的优势菌属。值得一提的是，条带 1～5 亮度偏暗，且其仅在某几个腊肠样品中存在，这说明这些条带代表的菌属在腊肠中的含量偏低，且可能仅存在于部分样品中。由图 1-1 亦可知，LC1 样品的条带数最多而 LC5 样品最少，这说明 LC1 样品的细菌多样性最高而 LC5 最低。各条带比对分析结果如表 1-1 所示。

表 1-1　细菌 DGGE 条带测序结果

条带编号	近源种	相似度/%	登录号	分类
LC01	*Anaerostipes hadrus*（毛螺旋菌属）	100	NR_117139.2	Firmicutes
LC02	不可培养细菌	—	—	—
LC03	*Acinetobacter johnsonii*（不动细菌属）	99	MG846022.1	Proteobacteria
LC04	*Vibrio litoralis*（弧菌属）	98	NR_043545.1	Proteobacteria
LC05	*Staphylococcus equorum*（葡萄球菌属）	100	NR_027520.1	Firmicutes
LC06	*Brochothrix thermosphacta*（环丝菌属）	100	NR_113587.1	Firmicutes
LC07	不可培养细菌	—	—	—

由表 1-1 可知，经比对发现腊肠样品中细菌由 *Anaerostipes hadrus*（毛螺旋菌属）、*Acinetobacter johnsonii*（不动细菌属）、*Vibrio litoralis*（弧菌属）、*Staphylococcus equorum*（葡萄球菌属）、*Brochothrix thermosphacta*（环丝菌属）和未知分类地位的不可培养细菌构成，且 *Brochothrix*（环丝菌属）为其优势细菌属。

2. 基于 Miseq 高通量测序技术的腊肠细菌多样性评价

较之 PCR-DGGE 技术，以 Miseq 为代表的第二代高通量测序技术具有通量高的优点，且实现了菌群的相对定量分析，因而本研究进一步采用 Miseq 高通量测序技术对 5 个腊肠样品的细菌多样性进行了解析，同时对 PCR-DGGE 的结果进行了验证。通过 Miseq 高通量测序，本研究 5 个腊肠样品共产生 193 486 条高质量的 16s rDNA 序列，平均每个腊肠样品产生 38 697 条，切除引物和 barcode 后序列长度的分布情况如图 1-2 所示。

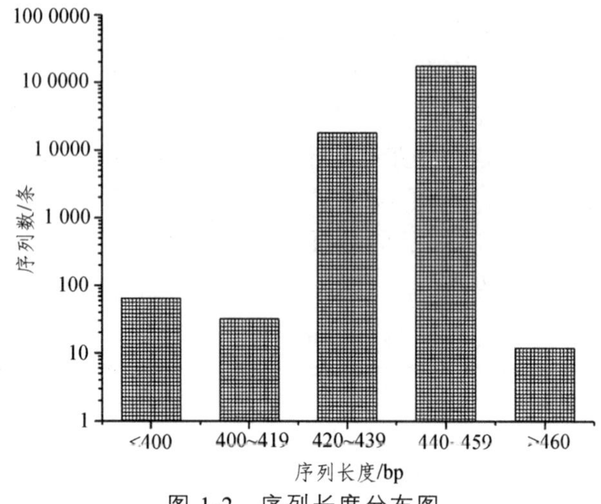

图 1-2　序列长度分布图

由图 1-2 可知，193 486 条高质量的 16s rDNA 序列中有 175 308 条集中在 440 ~ 459 bp，占到序列总数的 90.61%，18 069 条集中在 420 ~ 439bp，占到序列总数的 9.34%。使用 QIIME 平台，对高质量序列进行生物信息学分析，共有 193 356 条序列通过 Align（对齐），按照 100%相似性进行 UCLUST 后共得到 84 979 条代表性序列，按照 97%相似性进行 UCLUST 后共得到 8 057 个 OTU 且没有发现嵌合体。本研究进一步对 OTU 在 5 个样品中出现的频率和包含序列数进行了统计，结果如图 1-3 所示。

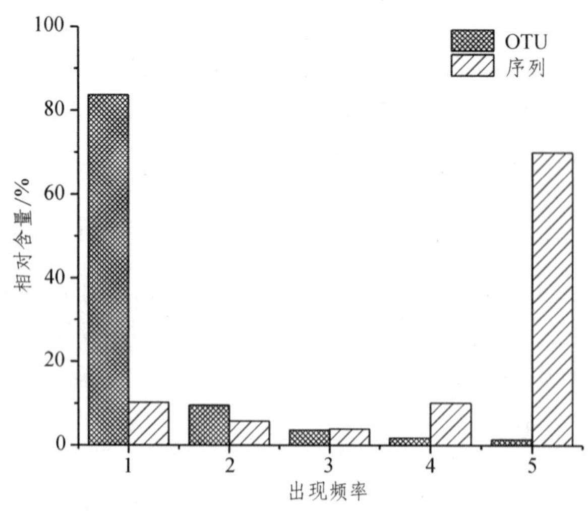

图 1-3　OTU 出现频率和包含序列数统计

由图 1-3 可知，在 5 个样品中出现 1 次、2 次、3 次和 4 次的 OTU 分别有 6 742 个、771 个、289 个和 142 个，分别占 OTU 总数的 83.68%、9.57%、3.59%和 1.76%，其包含的序列数分别为 18 341 条、11 093 条、7 039 条和 19 140 条，分别占所有质控后合格序列数的 10.21%、5.76%、3.88%和 10.13%。虽然核心 OTU 仅有 113 个，仅占 OTU 总数的 1.40%，但其包含的序列数为 137 743 条，占所有质控后合格序列数的 70.02%。由此可见，5 个腊肠样品共有大量的细菌类群。

使用 RDP 和 Greengenes 数据库比对后，所有序列鉴定到 14 个门、58 个纲、90 个目、110 个科和 261 个属。各样品测序情况及各分类地位数量如表 1-2 所示。

表 1-2　样品测序情况及各分类地位数量

样品编号	序列数/条	OTU 数/个	门/个	纲/个	目/个	科/个	属/个	超 1 指数	香农指数
LC1	30 005	2 737	10	21	45	88	203	1 348	6.65
LC2	31 829	1 827	12	25	52	99	199	1 120	5.08
LC3	50 590	2 560	5	13	24	46	75	1 295	4.36
LC4	37 575	1 759	7	14	32	61	102	1 157	4.26
LC5	43 357	1 401	6	13	28	55	93	865	1.49

注：超 1 指数和香农指数均在测序量为 28 410 条序列时计算所得。

由表 1-2 可知，LC1 样品的超 1 指数和香农指数值均最大，而 LC5 样品的两个值均最小，这说明 LC1 样品的细菌多样性最高而 LC5 最低，与 PCR-DGGE 结果一致。本研究进一步在门水平上对腊肠样品中细菌多样性进行了解析，结果如图 1-4 所示。

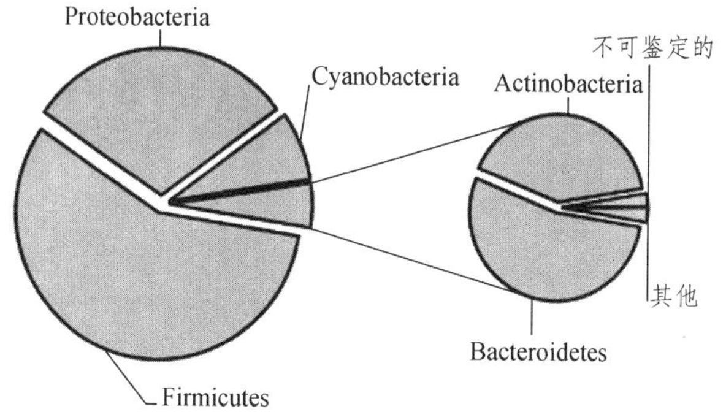

图 1-4　腊肠中优势细菌门相对含量的比较分析

由图 1-4 可知，腊肠样品中平均相对含量大于 1.0%的细菌门分别为 Firmicutes（硬壁菌门）、Proteobacteria（变形菌门）、Cyanobacteria（蓝细菌）、Bacteroidetes（拟杆菌门）和 Actinobacteria（放线菌门），其平均相对含量分别为 57.01%、30.43%、7.67%、2.63%和 2.01%。此外，另有序列被鉴定为 TM7、Acidobacteria（酸杆菌门）、Fusobacteria（梭杆菌门）、Deinococcus-Thermus（异常球菌-栖热菌门）、Chloroflexi（绿弯菌门）、Deferribacteres（脱铁杆菌门）、Spirochaetes（螺旋原虫）和 Tenericutes（柔膜菌门），但其累计平均含量仅为 0.13%。由此可见，腊肠样品中的细菌主要隶属于 Firmicutes（硬壁菌门）和 Proteobacteria（变形菌门），其比例占到细菌总数的 87.44%。

经 RDP 和 Greengenes 数据库比对发现有 13.72%的序列无法鉴定到属水平，相对含量大于 1.0%的细菌属如图 1-5 所示。

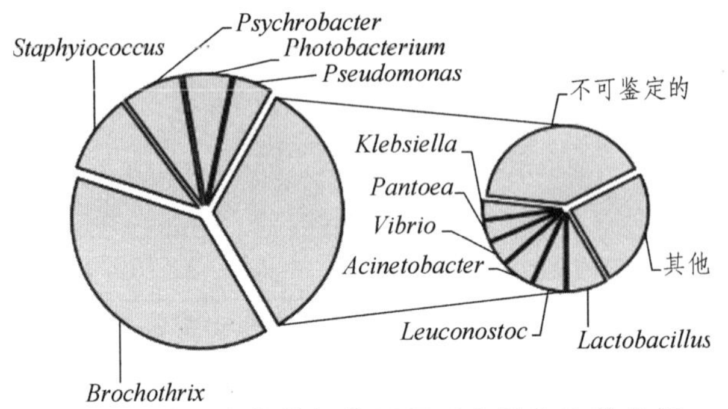

图 1-5　腊肠中优势细菌属相对含量的比较分析

由图 1-5 可知，腊肠样品中共有 11 个细菌属的平均相对含量大于 1.0%，其中 *Brochothrix*（环丝菌属）、*Staphylococcus*（葡萄球菌）、*Lactobacillus*（乳酸杆菌）和 *Leuconostoc*（明串珠菌属）4 个属隶属于 Firmicutes（硬壁菌门），平均相对含量分别为 38.34%、9.79%、2.80%和 2.29%，*Psychrobacter*（嗜冷杆菌）、*Photobacterium*（发光杆菌）、*Pseudomonas*（绿脓杆菌）、*Acinetobacter*（不动细菌属）、*Vibrio*（弧菌）、*Pantoea*（泛菌属）和 *Klebsiella*（克雷伯氏菌）7 个属隶属于 Proteobacteria（变形菌门），平均相对含量分别为 7.55%、5.90%、4.82%、2.19%、1.69%、1.48%和 1.33%。由此可见，腊肠样品中含量最多的细菌为 *Brochothrix*（环丝菌属），这与 DGGE 结果一致。

本研究对 142 个相对含量大于 1.0%的核心 OTU 进行了统计，其结

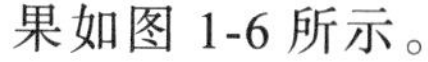

果如图 1-6 所示。

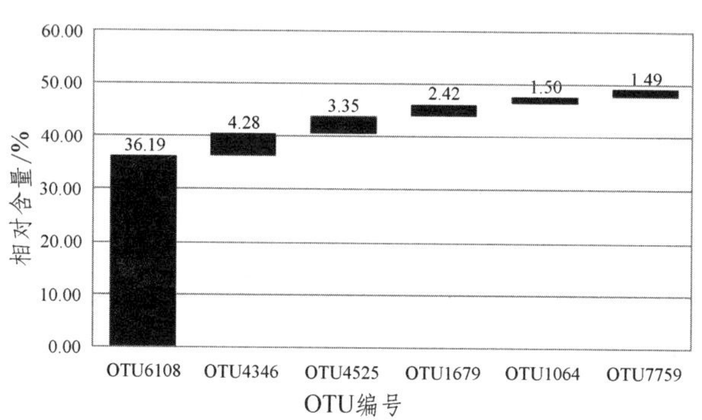

图 1-6　腊肠中优势核心 OTU 相对含量的比较分析

由图 1-6 可知，腊肠样品中 OTU6108（隶属于 *Brochothrix*）、OTU4346（隶属于 *Psychrobacter*）、OTU4525（隶属于 *Staphylococcus*）、OTU1679（隶属于 *Lactobacillus*）、OTU1064（隶属于 *Vibrio*）和 OTU7759（隶属于 *Staphylococcus*）的平均含量大于 1.0%，其平均相对含量分别为 36.19%、4.28%、3.35%、2.42%、1.50%、1.49%。由此可见，5 个腊肠样品共有大量的细菌类群，6 个核心 OTU 的含量就占到了序列总数的 49.23%。

1.1.3　结　论

高通量测序结果表明恩施地区腊肠样品中的细菌主要隶属于 Firmicutes（硬壁菌门）和 Proteobacteria（变形菌门），二者比例占到细菌总数的 87.44%；113 个核心 OTU 中的序列占所有质控后合格序列数的 70.02%，说明 5 个腊肠样品共有大量的细菌类群。PCR-DGGE 与 Illumina Miseq 检测结果均表明恩施腊肠中优势细菌属为 *Brochothrix*（环丝菌属）。

参考文献

[1]　刘琨毅，王琪，王卫，等. 茶多酚对低盐中式腊肠防腐保鲜的影响[J]. 肉类研究，2018，32（3）：34-39.

[2]　胡敏，向永生，张智，等. 恩施州耕地土壤 pH 近 30 年变化特征[J]. 应用生态学报，2017，28（4）：1289-1297.

[3] 刘长建，蒋本国，姜波，等. 腊肠中降胆固醇乳酸菌的筛选及鉴定[J]. 中国酿造，2011，30（8）：35-37.

[4] 谢科，余晓峰，郑海松，等. 传统分离培养结合 PCR-DGGE 技术分析广式腊肠中优势菌[J]. 食品科学，2013，34（4）：157-160.

[5] WANG X，ZHANG Y，REN H，et al. Comparison of bacterial diversity profiles and microbial safety assessment of salami，Chinese dry-cured sausage and Chinese smoked-cured sausage by high-throughput sequencing[J]. LWT-Food Science and Technology，2018，90（12）：108-115.

[6] 金二庆，廖顺，彭聪，等. 红曲菌发酵对广式腊肠颜色和蛋白质降解的影响[J]. 食品工业科技，2017，38（9）：139-144.

[7] 肖亚庆，陈从贵，徐梅，等. 接种戊糖乳杆菌对腊肠品质的影响[J]. 肉类研究，2017，31（9）：38-43.

[8] 张大磊，程伟伟，李杰锋，等. 接种葡萄球菌和微球菌提高广式腊肠贮藏期间氧化稳定性的研究[J]. 现代食品科技，2016，32（1）：218-223.

[9] 符小燕，郭善广，蒋爱民，等. 葡萄球菌和乳酸菌对广式腊肠风味的影响[J]. 肉类研究，2009，23（9）：19-24.

[10] GU X，SUN Y，TU K，et al. Evaluation of lipid oxidation of Chinese-style sausage during processing and storage based on electronic nose[J]. Meat Science，2017，133（5）：1-9.

[11] 韩千慧，杨雷，王念，等. 襄阳地区腊肠的风味品质评价[J]. 肉类研究，2016，30（9）：7-12.

[12] TOM V，VICKY D P，EVIE D B，et al. Molecular monitoring of the fecal microbical of healthy human subjects during administration of lactulose and saccharomyces boulardii [J]. Environ Microbiol，2006，72（9）：5990-5997.

[13] 郑艳，姚婷. PCR-DGGE 分析甘薯酸浆自然发酵过程中细菌多样性[J]. 食品科学，2016，37（7）：99-103.

[14] 刘石泉，胡治远，赵运林. 变性梯度凝胶电泳法初步解析茯砖茶渥堆发酵过程中细菌群落结构[J]. 食品科学，2014，35（15）：172-177.

[15] 蔡丽云，黄泽彬，须子唯，等. 处理垃圾渗滤液的 SBR 中微生物种群与污泥比阻[J]. 环境科学，2018，43（2）：880-888.
[16] CAPORASO J G，KUCZYNSKI J，STOMBAUGH J，et al. QIIME allows analysis of high-throughput community sequencing data[J]. Nature Methods，2010，7（5）：335-336.
[17] COLE J R，CHAI B，FARRIS R J，et al. The ribosomal database project（RDP-II）：introducing my RDP space and quality controlled public data[J]. Nucleic Acids Research，2007，35（1）：169-172.
[18] EDGAR R C. Search and clustering orders of magnitude faster than BLAST[J]. Bioinformatics，2010，26（19）：2460-2461.
[19] PRICE M N，DEHAL P S，ARKIN A P. Fasttree：computing large minimum evolution trees with profiles instead of a distance matrix[J]. Molecular Biology and Evolution，2009，26（7）：1641-1650.

（文章发表于《肉类研究》，2018 年 32 卷 9 期。）

1.2 恩施市腊肉细菌多样性解析

腊肉主要是以鲜猪肉或冷冻猪肉为原料添加食盐等腌制后经烘烤、晾晒或熏制而成的传统非即食性发酵肉制品，我国湖北、湖南、四川、云南、广东和黑龙江等多地区一直以来均有制作和食用腊肉的习惯[1-2]。有研究表明，在腊肉的整个发酵与保藏过程中，微生物与其蛋白质和脂肪等营养物质的反应不仅赋予了腊肉色泽鲜明、风味独特的品质，同时也有可能使成品受到杂菌污染[3-4]。因此，采用合适的技术对腊肉制品中微生物种类及多样性进行解析是极为必要的。

刘晓蓉采用纯培养手段从自然发酵腊肉中分离 28 株菌株，经鉴定其中有 4 株隶属于乳酸杆菌属[5]；刘书亮采用分离纯化和生理生化鉴定相结合的方法从 12 份传统腌腊肉制品中分离出 *Lactobacillus pentosus*（戊糖乳杆菌）、*Lactobacillus alimentarius*（食品乳杆菌）、*Lactobacillus casei*

（干酪乳杆菌）、*Lactobacillus curvatus*（弯曲乳杆菌）和 *Lactobacillus sake*（清酒乳杆菌）等菌株[6]；陈竞适以湘西腊肉为研究对象，采用稀释平板计数法对其微生物结构进行解析，发现酵母菌、霉菌和微球菌是其主要微生物群落[7]；冯秀娟以湖南传统腊肉为原料亦采用传统微生物学方法对发酵过程中微生物生长情况进行研究，发现乳酸菌和葡萄球菌为其中的优势菌[8]；王海燕采用倾注平板和平板划线法从传统湖南腊肉中分离出 289 株葡萄球菌[9]；李福荣采用纯培养手段对信阳传统发酵腊肉中细菌进行研究，发现其优势细菌为葡萄球菌和微球菌[10]。以上研究均采用以纯培养技术为基础的传统微生物学手段对腊肉中微生物进行分析，发掘了大量的微生物菌种资源，但该方法具有一定的局限性，不能鉴定出不可培养的微生物，不能全面、准确地反映样品微生物信息[11]。变性梯度凝胶电泳技术（Denatured Gradient Gel Electrophoresis，DGGE）完成食品中微生物群落结构的研究工作，具有操作简单易行、灵敏度高，可检测到一个核苷酸水平的差异等特点[12]。目前在猪肉[13]、鸭肉[14-15]和鸡肉[16]冷藏过程中微生物多样性变化及发酵肉制品[17]和屠宰场废水[18]微生物多样性解析中有着广泛的应用。较之 DGGE 技术，Miseq 高通量测序技术具有通量高，实现了样品间平行分析的优点[19]，目前在肉制品发酵用菌株基因组测序[20-21]、鸡肉制品[22]和火腿肠[23]腐败微生物鉴定及食用肉制品对肠道菌群多样性影响方面[24]有着广泛的应用。DGGE 和 Miseq 高通量测序技术相结合，更是在牛肉等肉制品细菌多样性研究中有着广泛的应用[25]。

本研究采用免培养、结果直观可靠的聚合酶链式反应和变性梯度凝胶电泳（Polymerase Chain Reaction-denatured Gradient Gel Electrophoresis，PCR-DGGE）技术与 MiSeq 高通量测序技术相结合的方法对采集自恩施地区农家自制腊肉细菌多样性进行了解析，以期为该地腊肉品质保障及微生物菌种资源发掘提供一定理论依据。

1.2.1 材料与方法

1. 材料与试剂

腊肉：恩施土家族苗族自治州农家自制。聚丙烯酰胺、尿素、N,N-亚甲基二丙烯酰胺、过硫酸铵、冰醋酸、甲醛和硝酸银等化学试剂均购于国药集团化学试剂有限公司；QIAGEN DNeasy mericon Food Kit

提取试剂盒，购于德国 QIAGEN 公司；5 × FastPfu Buffer、10 × PCR Buffer、dNTPs Mix、DNA 聚合酶（5 U/μL）、pMD18-T 载体，购自宝生物工程（大连）有限公司；6 × Loading buffer、DL2000 和 DL15000 DNA Marker，购自宝日医生物技术（北京）有限公司；2 × PCR mix，购于南京诺唯赞生物科技有限公司；DGGE 扩增引物 ALL-GC-V_3F（5'-CGCCCGGGGCGCGCCCCGGGCGGCCCGGGGGCACCGGGGGCCTACGGGAGGCAGCAG-3'）/ALL-V_3R（5'-ATTACCGCGGCTGCTGG-3'）和高通量测序引物 338F（5'-ACTCCTACGGGAGGCAGCA-3'）/806R（5'-GGACTACHVGGGT-3'）等均由武汉天一辉远生物科技有限公司合成。Axygen 清洁试剂盒，购于北京科博汇智生物科技发展有限公司；*E.coli*（大肠杆菌）Top10，由本实验室保藏。

2. 仪器与设备

HBM-400B 拍击式无菌均质器：天津市恒奥科技发展有限公司；5810R 台式高速冷冻离心机：德国 Eppendorf 公司；ND-2000C 微量紫外分光光度计：美国 Nano Drop 公司；DYY-12 电泳仪：北京六一仪器厂；Veriti™96 孔梯度 PCR 扩增仪：美国 AB 公司；PowerPac™Basic 稳压仪和 DCode™ System：美国 BIO-RAD 公司；UVPCDS8000 凝胶成像分析系统：美国 BIO-RAD 公司；MiSeq PE300 高通量测序平台：美国 Illumina 公司。

3. 方　法

（1）样品前处理及宏基因组 DNA 提取

参照 GB/T 4789.17—2003《食品卫生微生物检验肉与肉制品检验》进行取样，加入灭菌水 225 mL 混匀后 300 r/min 离心 10 min 取上清液，然后以 10 000 r/min 的速度将上清液离心 10 min，保留沉淀。按照 QIAGEN DNeasy mericon Food Kit 试剂盒使用说明中的方法提取样品总 DNA 并用微量紫外分光光度计检测其浓度和纯度。

（2）细菌 PCR-DGGE 指纹图谱分析

以提取的 DNA 为模板进行 PCR 扩增，扩增体系及反应参数参照文献 26 中的方法略做改动：10 × PCR Buffer 5 μL，dNTP mix（2.5 mmol/L）4 μL，ALL-GC-V_3F（10 μmol/L）和 ALL-V_3R（10 μmol/L）各 1 μL，rTaq 酶（5 U/μL）

0.4 μL，DNA 模板 1 μL，用无菌水将体系补齐至 50 μL，混合均匀后置于 PCR 仪中 94 °C 预变性 5 min；94 °C 变性 30 s，55 °C 退火 1 min，72 °C 延伸 90 s 循环 30 次；然后 72 °C 完全延伸 10 min。扩增产物用 1.0%的琼脂糖凝胶电泳进行检测。取 10 μL 扩增产物置于质量分数为 8%、变性剂范围为 35%～52%的聚丙烯酰胺凝胶中进行检测，电泳条件为：0.5×TAE 缓冲溶液恒温 60 °C，120 V 运行 78 min 后 80 V 维持 13 h。电泳结束后将银染法染色的凝胶扫描成像，挑选优势条带切胶回收，然后使用不带 GC 夹子的引物进行扩增，清洁，连接 pMD18-T 载体并转化大肠杆菌 Top10，挑选两株单菌落进行阳性克隆鉴定，并将菌液送至测序公司测

（3）细菌 MiSeq 高通量测序分析

参照沈馨[27]的方法进行 PCR 扩增：20 μL 体系中 5×FastPfu Buffer 4 μL，dNTP mix（2.5mmol/L）2 μL，引物 338F（5 μmol/L）和 806R（5 μmol/L）各 0.8 μL，rTaq（5 U/μL）0.4 μL，DNA 模板 10 ng，剩余体积用无菌水补齐；反应参数为：95 °C，3 min；（95 °C 30 s，55 °C 30 s，72 °C 45 s，）30 次循环；72 °C，10 min。扩增合格的产物寄出测序。序列下机后需进行拼接和质量控制，参照郭壮[28]的方法删除不合格序列后再根据各序列标签将序列划分至各样本中。利用 QIIME 数据分析平台[29]划分操作分类单元（Operational Taxonomic Units，OTU），再从每个 OTU 中挑选代表序列于 Greengenes[30]和 RDP（Ribosomal Database Project）[31]数据库中进行比对，确定其微生物分类水平，并计算各样品 α 多样性。

（4）统计学分析

DGGE 条带序列使用 BioEdit 7.0.9 进行拼接和引物切除，然后将处理好的序列置于 NCBI（https://blast.ncbi.nlm.nih.gov/Blast.cgi）上进行比对。根据各样品中发现序列数及 OTU 数，计算各样品的超 1 指数和香农指数，并使用 OriginPro 2017 绘图。

1.2.2 结果与分析

1. 样品细菌 PCR-DGGE 分析

本研究首先采用 PCR-DGGE 技术对腊肉中细菌多样性进行研究，结

果如图 1-7 所示。

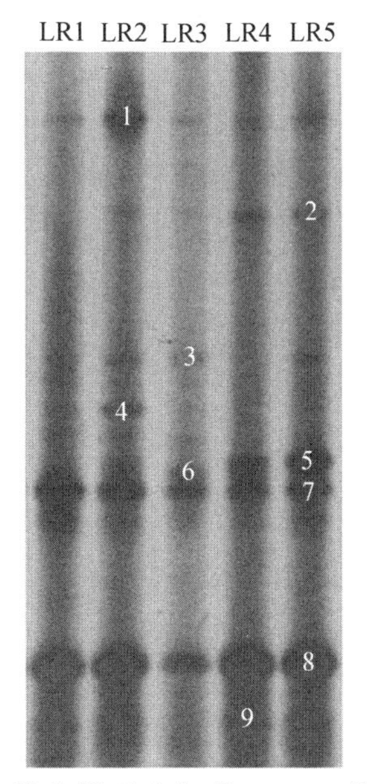

图 1-7 腊肉样品中细菌 DGGE 分析结果

由图 1-7 可知，经变性梯度凝胶电泳后不同样品泳道中出现了数量、亮度不一的条带，本研究从中共挑选出 9 条优势条带，其中条带 7 和 8 为所有样品中共有条带，条带 1、2、3 和 5 为部分样品共有条带，而条带 4 和 6 分别为 LR2 和 LR3 中特有条带。由图 1-7 亦可知，条带 7 和 8 在所有样品中均较明亮，说明此处检测到的菌种在样品中均存在且含量较其他菌种多；与 LR2、LR3、LR4 和 LR5 相比，样品 LR1 中的条带数量及亮度要明显低一些，说明其细菌丰度较其他样品低。

由表 1-3 可知，各优势条带与其近源种的相似度均在 99%以上。经比对，条带 2、4、8 和 9 分别为 *Staphylococcus equorum*、*Staphylococcus vitulinus*、*Staphylococcus condimenti* 和 *Staphylococcus vitulinus*，均隶属于 *Staphylococcus*（葡萄球菌属）；条带 1 和 6 分别为 *Psychrobacter arcticus* 和 *Psychrobacter faecalis*，隶属于 *Psychrobacter*（嗜冷杆菌属）；条带 3 和 5 分别为 *Lactobacillus plantarum* subsp. *argentoratensis* 和 *Lactobacillus amylovorus*，隶属于 *Lactobacillus*（乳酸杆菌属）；条带 7 为 *Pseudoalteromonas carrageenovora*，隶属于 *Pseudoalteromonas*（假交替单胞菌属）。结合图

1-7 分析结果可知，腊肉中细菌主要为 *Staphylococcus*、*Psychrobacter*、*Lactobacillus* 和 *Pseudoalteromonas* 且样品中都含有 *Staphylococcus condimenti* 和 *Pseudoalteromonas carrageenovora*，而 LR2 和 LR3 中特有细菌分别为 *Staphylococcus vitulinus* 和 *Psychrobacter faecalis*。全拓的研究表明葡萄球菌和微球菌是川渝两地腊肉产品货架期内优势菌，其次是乳酸菌，假单胞菌和肠杆菌数量较少[32]。这与本研究结果较为相似。

表 1-3 优势条带比对分析结果

条带编号	近源种	相似度/%	Genbank 登录号	中文名称
1	*Psychrobacter arcticus*	100	NR075054	北极寒杆菌
2	*Staphylococcus equorum*	99	NR027520	马胃葡萄球菌
3	*Lactobacillus plantarum* subsp. *argentoratensis*	100	LC258153	植物乳杆菌阿根廷亚种
4	*Staphylococcus vitulinus*	100	NR024670	小牛葡萄球菌
5	*Lactobacillus amylovorus*	99	CP017706	噬淀粉乳杆菌
6	*Psychrobacter faecalis*	100	NR118025	粪嗜冷杆菌
7	*Pseudoalteromonas carrageenovora*	100	LT965929	假交替单胞菌属
8	*Staphylococcus condimenti*	100	CP015114	香料葡萄球菌
9	*Staphylococcus vitulinus*	100	NR024670	小牛葡萄球菌

2. 样品细菌 MiSeq 分析

采用 MiSeq 高通量测序技术从 5 个样品中检测到的序列在 100%相似度下可划分为 103 157 条，在 97%的相似度下又可将这些序列划分至 8 876 个 OTU 中，从各 OTU 中挑选代表性序列与数据库进行比对可判定其微生物学分类定位，分析结果如表 1-4 所示。

表 1-4 样品序列微生物分类地位统计

样品编号	序列数/条	OTU 数/个	门/个	纲/个	目/个	科/个	属/个	超 1 指数*	香农指数*
LR1	49 624	1 961	5	10	22	35	55	1 240	5.22
LR2	46 574	2 442	5	12	19	35	48	1 562	6.32
LR3	33 951	1 699	6	13	28	49	69	1 285	5.82
LR4	50 884	3 893	5	10	17	30	46	2 079	7.42
LR5	43 352	2 330	4	9	17	33	39	1 674	6.09

注：*表示数据均在测序量为 33 210 条序列时计算所得。

由表 1-4 可知，不同样本中检测到的细菌条带数量有所差异，经比对样品中各微生物分类水平数量亦不相同，LR4 中条带数量和 OTU 最多，而 LR3 中微生物门、纲、目、科和属各级数量均较其他样品多。采用 α 多样性分析发现在条带数量为 33 210 条时超 1 指数和香农指数最大的为 LR4，最小的为 LR1，说明样品 LR4 中细菌总数及丰富度最高而 LR1 中最低，这与 DGGE 分析结果一致。本研究进一步在门水平分析样品中细菌信息，其相对含量如图 1-8 所示。

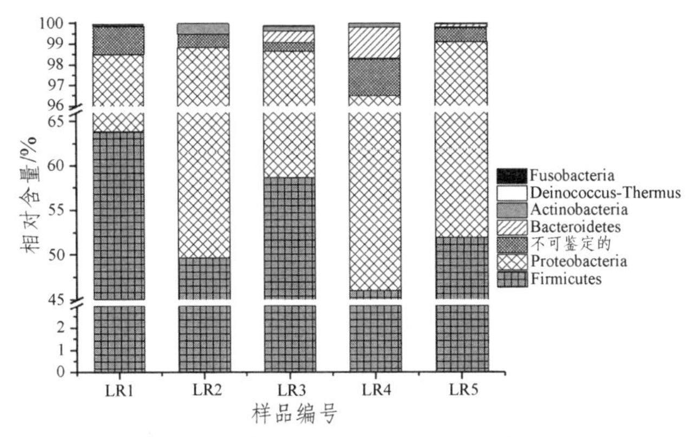

图 1-8 细菌门水平相对含量分析

由图 1-8 可知，从 5 个腊肉样品中检测出 Firmicutes（硬壁菌门）、Actinobacteria（放线菌门）、Bacteroidetes（拟杆菌门）、Deinococcus-Thermus（异常球菌-栖热菌门）、Fusobacteria（梭杆菌门）和 Proteobacteria（变形菌门）等 6 个细菌门，其中平均相对含量大于 1.0% 的为 Firmicutes 和 Proteobacteria 且二者的累积平均相对含量高达 99.11%。值得一提的是 Deinococcus-Thermus 为 LR3 特有细菌门，相对含量仅为 0.60%；Fusobacteria 为 LR4 中的特有细菌门，相对含量仅为 0.41%。本研究进一步对 99 个细菌属中平均相对含量大于 1.0%的细菌属进行分析，结果如图 1-9 所示。

由图 1-9 可知，腊肉中平均相对含量大于 1.0%的细菌属及其平均相对含量分别为 *Staphylococcus*（葡萄球菌属，40.18%）、*Psychrobacter*（嗜冷杆菌，24.02%）、*Pseudoalteromonas*（假交替单胞菌属，9.37%）、*Brochothrix*（环丝菌属，8.53%）、*Cobetia*（科贝特氏菌，4.71%）和 *Acinetobacter*（不动细菌属，2.31%），仅有 5.54%的序列不能鉴定到属

水平。采用 MiSeq 高通量测序技术亦检测出 *Lactobacillus*（乳酸菌属），其平均相对含量为 0.27%，但 PCR-DGGE 未检测出隶属于 *Cobetia* 和 *Acinetobacter* 等菌属的细菌，可能与其扩增所用引物或这些菌属的丰度等因素有关。表 1-4 表明不同样品中 OTU 数量亦不相同，各 OTU 出现次数统计结果如图 1-10 所示。

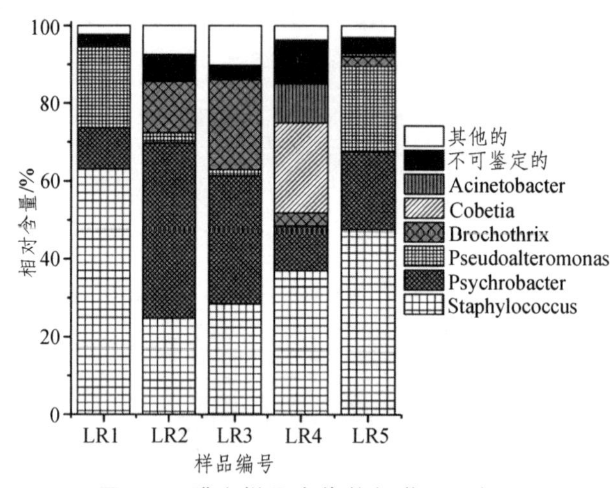

图 1-9 腊肉样品中优势细菌属分析图

由图 1-10 可知，仅出现 1 次的 OTU 即样品中特有 OTU 占总 OTU 数的 80.26%，其所包含的序列有 16 520 条，占总序列数的 7.36%；出现 5 次的 OTU 即 5 个样品中共有 OTU 仅占 OTU 总数的 2.84%，但其所包含的序列有 166 546 条占 OTU 总数的 74.22%，说明腊肉样品细菌菌群

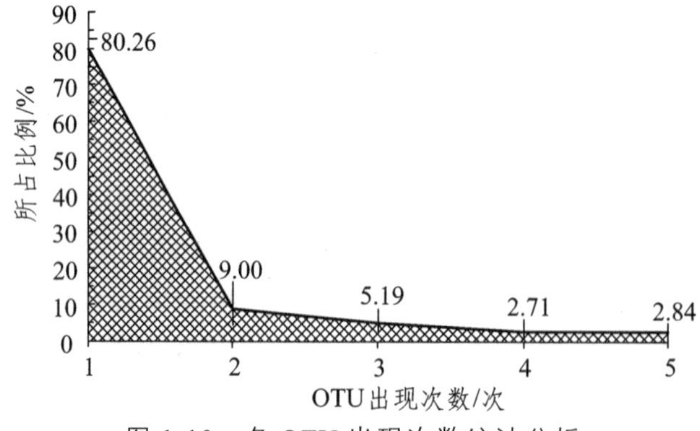

图 1-10 各 OTU 出现次数统计分析

中部分为某些样品中特有的，但数量较少，含量最多的主要为共有细菌菌群。本研究将样品中共有且相对含量大于 1.0%的 OTU 定义为核心优势 OTU，其平均相对含量如图 1-11 所示。

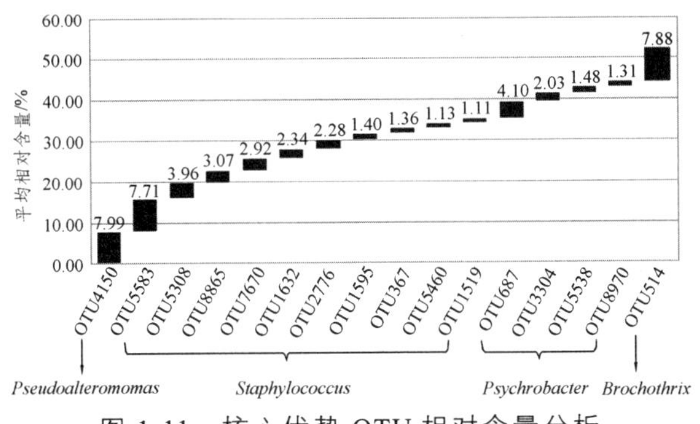

图 1-11 核心优势 OTU 相对含量分析

由图 1-11 可知，腊肉中核心优势 OTU 有 16 个，OTU5583、OTU5308、OTU8865、OTU7670、OTU1632、OTU2776、OTU1595、OTU367、OTU5460 和 OTU1519 隶属于 *Staphylococcus*，OTU687、OTU3304、OTU5538 和 OTU8970 隶属于 *Psychrobacter*，OTU4150 和 OTU514 分别隶属于 *Pseudoalteromonas* 和 *Brochothrix*。值得一提的是所有优势 OTU 中仅有 OTU4150 在 LR4 中的相对含量为 0，说明腊肉样品中含有大量核心优势细菌菌群，且主要为 *Staphylococcus*、*Psychrobacter* 和 *Brochothrix*。

1.2.3 结 论

本研究采用 PCR-DGGE 和 MiSeq 高通量测序技术相结合的方法对恩施地区腊肉细菌多样性进行了解析，结果发现腊肉中的优势细菌为 *Staphylococcus* 和 *Psychrobacter*，且不同腊肉样品间共有大量的细菌菌群。

参考文献

[1] 张平，杨勇，曹春廷，等. 食盐用量对四川腊肉加工及贮藏

过程中肌肉蛋白质降解的影响[J]. 食品科学，2014，35（23）：67-72.

[2] 王电，周国君，王晓静，等. 3 种贵州烟熏腊肉品质特征分析[J]. 肉类研究，2015，29（11）：1-6.

[3] 刘洋，王卫，王新惠，等. 微生物发酵剂对四川腊肉理化及微生物特性的影响[J]. 食品科技，2014，40（6）：124-129.

[4] 刘娜，梁美莲，谭媛元，等. 天然涂膜液对切片腌腊肉品质及货架期的影响[J]. 肉类研究，2017，31（8）：12-17.

[5] 刘晓蓉，邓毛程，连晓蔚. 腌肉中乳酸菌的分离选育[J]. 中国酿造，2009，28（1）：46-48.

[6] 刘书亮，敖灵，李燮昕，等. 传统腌腊肉制品中乳酸菌的筛选与鉴定[J]. 食品与机械，2007，23（5）：19-21.

[7] 陈竞适，刘静，任海姣，等. 湘西陈年腊肉微生物群落分析及高产脂肪酶细菌的筛选[J]. 肉类研究，2017，31（3）：1-6.

[8] 冯秀娟，刘成国，娄爱华，等. 湖南腊肉中优势菌种的筛选及初步鉴定[J]. 中国酿造，2012，31（5）：127-130.

[9] 王海燕，马长伟，李平兰，等. 传统湖南腊肉中产香葡萄球菌的筛选及鉴定[J]. 食品与发酵工业，2006，32（5）：45-49.

[10] 李福荣，袁德峥，宋淑红. 信阳传统发酵腊肉细菌的分离纯化及鉴定[J]. 信阳师范学院学报：自然科学版，2009，22（4）：590-592.

[11] HOWITT S H，BLACKSHAW D，FONTAINE E，et al. Comparison of traditional microbiological culture and 16S polymerase chain reaction analyses for identification of preoperative airway colonization for patients undergoing lung resection[J]. Journal of Critical Care，2018，46（8）：84-87.

[12] GAROFALO C，BANCALARI E，MILANOVIĆ V，et al. Study of the bacterial diversity of foods：PCR-DGGE versus LH-PCR[J]. International Journal of Food Microbiology，2017，242（2）：24-36.

[13] ZHAO F，ZHOU G，YE K，et al. Microbial changes in vacuum-packed chilled pork during storage[J]. Meat Science，

2015, 100 (2): 145-149.

[14] YE K, LIU M, LIU J, et al. Microbial diversity of different modified atmosphere packed pot-stewed duck wings products during 8 °C storage[J]. Letters in Applied Microbiology, 2017, 64 (3): 225-230.

[15] YE K, JIANG J, WANG Y, et al. Microbial analysis of MAP pot-stewed duck wings under different conditions during 15 °C storage[J]. Journal of Food Science and Technology, 2017, 54 (5): 1073-1079.

[16] LIU A, PENG Z, ZOU L, et al. The effects of lactic acid-based spray washing on bacterial profile and quality of chicken carcasses[J]. Food Control, 2016, 60 (2): 615-620.

[17] LI P, LUO H, KONG B, et al. Formation of red myoglobin derivatives and inhibition of spoilage bacteria in raw meat batters by lactic acid bacteria and Staphylococcus xylosus[J]. LWT-Food Science and Technology, 2016, 68 (5): 251-257.

[18] DE SMIDT O. The use of PCR DGGE to determine bacterial fingerprints for poultry and red meat abattoir effluent[J]. Letters in Applied Microbiology, 2016, 62 (1): 1-8.

[19] CAPORASO J G, LAUBER C L, WALTERS W A, et al. Ultra-high-throughput microbial community analysis on the Illumina HiSeq and MiSeq platforms[J]. The ISME Journal, 2012, 6 (8): 1621-1624.

[20] LABRIE S J, EL HADDAD L, TREMBLAY D M, et al. First complete genome sequence of *Staphylococcus xylosus*, a meat starter culture and a host to propagate Staphylococcus aureus phages[J]. Genome Announcements, 2014, 2 (4): e00671-14.

[21] MOURA Q, FERNANDES M R, CERDEIRA L, et al. Draft genome sequence of a multidrug-resistant CMY-2-producing Salmonella enterica subsp. *entericaserovarMinnesota* ST3088 isolated from chicken meat[J]. Journal of Global Antimicrobial Resistance, 2017, 8 (3): 67-69.

[22] LEE H S, KWON M, HEO S, et al. Characterization of the biodiversity of the spoilage microbiota in chicken meat using next generation sequencing and culture dependent approach[J]. Korean Journal for Food Science of Animal Resources, 2017, 37(4): 535-541.

[23] PIOTROWSKA-CYPLIK A, MYSZKA K, CZARNY J, et al. Characterization of specific spoilage organisms (SSOs) in vacuum-packed ham by culture-plating techniques and MiSeq next-generation sequencing technologies[J]. Journal of the Science of Food and Agriculture, 2017, 97(2): 659-668.

[24] ZHU Y, LIN X, ZHAO F, et al. Meat, dairy and plant protcins alter bacterial composition of rat gut bacteria[J]. Scientific Reports, 2015, 5: 15220.

[25] KOO O K, KIM H J, BAKER C A, et al. Microbial diversity of ground beef products in South Korean retail market analyzed by PCR-DGGE and 454 pyrosequencing[J]. Food Biotechnology, 2016, 30(1): 63-77.

[26] 丛敏，李欣蔚，武俊瑞，等. PCR-DGGE 分析东北传统发酵酸菜中乳酸菌多样性[J]. 食品科学，2016，37（7）：78-82.

[27] 沈馨，尚雪娇，董蕴，等. 基于 MiSeq 高通量测序技术对 3 个孝感凤窝酒曲细菌多样性的评价[J]. 中国微生态学杂志，2018，30（5）：525-530.

[28 郭壮，蔡宏宇，杨成聪，等. 六名襄阳地区青年志愿者肠道菌群多样性的研究[J].中国微生态学杂志，2017，29（9）：998-1004.

[29] CAPORASO J G, KUCZYNSKI J, STOMBAUGH J, et al. QIIME allows analysis of high-throughput community sequencing data[J]. Nature Methods, 2010, 7(5): 335-336.

[30] DESANTIS T Z, HUGENHOLTZ P, LARSEN N, et al. Greengenes, a chimera-checked 16s rRNA gene database and workbench compatible with ARB[J]. Applied and Environmental Microbiology, 2006, 72(7): 5069-5072.

[31] Cole J R，Chai B，Farris R J，et al. The ribosomal database project（RDP-II）：introducing myRDP space and quality controlled public data[J]. Nucleic Acids Research，2007，35（1）：169-172.

[32] 全拓，邓大川，李洪军，等. 川味腊肉货架期间主要微生物的研究[J]. 西南大学学报(自然科学版)，2017，39(2)：14-21.

（文章发表于《肉类研究》，2018年32卷10期。）

1.3 恩施市腊鱼细菌多样性解析

恩施土家族苗族自治州地处湖北省西南部，紧邻湘、渝，由大巴山、巫山、齐岳山和武陵山等山脉环绕而成，境内地势复杂，河谷深切，河流较多且生活着汉族、土家族和苗族等27个民族，少数民族文化多姿多彩，传统发酵食品制作技艺更是不胜枚举[1-2]。该地生产的腊鱼主要以境内野生草鱼或是农家自养鲜鱼为原料进行腌制，又因恩施自治州属亚热带季风性山地湿润气候，环境较为潮湿，当地人将腌制后的腊鱼用松柏枝进行烟熏，该方法不仅可以延长腊鱼保质期还能有效改善成品风味。

传统发酵食品中微生物的构成不仅影响了产品的风味品质，同时其含有的一些条件致病菌亦可能存在一定安全隐患，因而对传统发酵食品的微生物多样性进行解析则显得尤为重要。国内研究人员对腊鱼中微生物进行了多项研究，且大多采用纯培养的手段并从中检测出多种微生物，如酵母菌[3-4]、乳酸菌[5-7]、葡萄球菌[8]和微球菌[9]等。由于纯培养技术的局限性，一些非纯培养的手段逐渐被应用到腊鱼微生物研究中，吴燕燕采用MiSeq测序技术研究了腌干鱼在不同加工阶段的细菌多样性，发现Bacteroidetes（拟杆菌门）、Firmicutes（厚壁菌门）和Proteobacteria（变性菌门）为腌干鱼加工过程主要微生物[10]；钱茜茜采用宏基因组技术对不同加工阶段腌干鱼中细菌多样性进行了研究，发现整个加工体系主要微生物亦为Bacteroidetes、Firmicutes和Proteobacteria[11]。然而目前有关恩施地区产腊鱼微生物多样性的研究尚未见报道。

鉴于恩施特殊的地理环境与当地腊肠制作工艺的开放性与特殊性，本研究采用聚合酶链式反应-变性梯度凝胶电泳（PCR-DGGE）与MiSeq高通量测序技术相结合的方法对该地生产的腊鱼样品中细菌多样性进行了全面解析，以期为提高恩施地区腊鱼品质的稳定性和安全性提供一定数据支撑。

1.3.1 材料与方法

1. 主要材料与设备

主要试剂：尿素、聚丙烯酰胺、N,N-亚甲基二丙烯酰胺、过硫酸铵、冰醋酸、甲醛、硝酸银、乙醇和十六烷基三甲基溴化铵购于国药集团化学试剂有限公司；QIAGEN DNeasy mericon Food Kit提取试剂盒，购于德国QIAGEN公司；10×PCR Buffer、dNTPs Mix、DNA聚合酶、pMD18-T vector和SolutionI，购于宝生物工程（大连）有限公司；Loading buffer、DL2000和DL15000 DNA Marker，购于宝日医生物技术（北京）有限公司；2×PCR mix，购于南京诺唯赞生物科技有限公司；Axygen清洁试剂盒，购于北京科博汇智生物科技发展有限公司；大肠杆菌Top10感受态细胞，本实验室制备。引物338F/806R（正向引物中加入7个核苷酸标签）、ALL-GC-V_3F/ALL-V_3R、ALL-V_3F/ALL-V_3R和M13F（-47）/M13R（-48）由武汉天一辉远生物科技有限公司合成。各引物序列如表1-5所示。

表1-5　引物名称和序列信息

引物名称	序列（5'-3'）	参考文献
338F	ACTCCTACGGGAGGCAGCA	[12]
806R	GGACTACHVGGGT	
ALL-GC-V_3F	CGCCCGGGGCGCGCCCCGGGCGGCCCGGGGGCACCG GGGGCCTACGGGAGGCAGCAG	[13]
ALL-V_3R	ATTACCGCGGCTGCTGG	
ALL-V_3F	CCTACGGGAGGCAGCAG	
M13F（-47）	CGCCAGGGTTTTCCCAGTCACGAC	[14]
M13R（-48）	GAGCGGATAACAATTTCACACAGG	

HBM-400B 拍击式无菌均质器：天津市恒奥科技发展有限公司；5810R 台式高速冷冻离心机：德国 Eppendorf 公司；ND-2000C 微量紫外分光光度计：美国 Nano Drop 公司；DYY-12 电泳仪：北京六一仪器厂；Veriti^{TM}96 孔梯度 PCR 扩增仪：美国 AB 公司；DCode^{TM} System：美国 Bio-Rad 公司；UVPCDS8000 凝胶成像分析系统：美国 BIO-RAD 公司；MiSeq PE300 高通量测序平台，美国 Illumina 公司；R920 机架式服务器：美国 DELL 公司。

2. 实验方法

（1）样品采集

从湖北省恩施市舞阳坝菜市场（109.47°N，30.3°E）采集 5 个腊鱼样品分别置于无菌采样袋中低温运回实验室。只有符合下列条件的样品才可纳入采集的范围：① 腊鱼由草鱼制作；② 腊鱼无肉眼可见杂质、寄生虫和虫卵；③ 腊鱼无病变、霉变和酸败等腐败变质现象；④ 腊鱼的制作地点需在恩施市范围内。

（2）样品前处理及宏基因组 DNA 提取

取 25 g 切碎的腊鱼加入 225 mL 无菌生理盐水后置于拍击器中拍击 3 min，取出置于冷冻离心机中 300 r/min 离心 10 min 保留上清液，上清液以 10 000 r/min 离心 10 min 以便收集菌体，然后使用商业试剂盒提取腊鱼样品微生物宏基因组 DNA。

（3）基因组 DNA 检测

使用1%的琼脂糖凝胶电泳以 DL15000Maker 为参照查看是否扩增出清晰明亮大小合适的目的条带。然后以无菌超纯水为参照，取 1 μL 提取 DNA 置于微量紫外分光光度计检测口检测其 $OD_{260/280}$ 是否在 1.8 ~ 2.0 之间并确定各样品 DNA 浓度。用无菌超纯水将检测合格的样品宏基因组 DNA 浓度统一稀释至 30 ng/μL 备用。

（4）细菌 DGGE 指纹图谱分析

细菌 PCR 扩增时使用引物对为 ALL-GC-V_3F/ALL-V_3R，扩增体系中各试剂添加量及循环条件参照文献 15 中的方法略做改动：细菌 PCR 扩增体系为 50 μL，模板量为 1 μL，退火温度（Tm）为 55 °C。扩增结束后使用（2）中的方法检测扩增效果。在检测合格的体系中加入 6 μL Loading buffer 混匀置于 − 20 °C 备用。DGGE 凝胶中变性剂范围为 35% ~ 52%，待电泳槽中缓冲溶液的温度升至 60 °C 时在每个胶孔中加入 10 μL 混有 Loading buffer 的 PCR 产物，先 120 V 电泳 76 min 使样品穿过上层胶后 80 V 维持 13 h 然后采用银染法染色。取优势条带回溶溶液 2 μL 为模板进行 PCR 扩增，PCR 扩增体系为 25 μL：正反向引物 ALL-V_3F/ALL-V_3R 各 0.5 μL，2 × PCR mix 12.5 μL，剩余体积用无菌超纯水补齐。扩增循环条件及检测方法同上。参照杨春丽的方法将清洁后的扩增产物连接 PMD18-T 载体[16]，并采用热激法[17]将连接产物导入大肠杆菌 Top10 中，挑选阳性克隆送去测序。

（5）细菌 MiSeq 高通量测序分析

首先对细菌 16s rDNA 进行 PCR 扩增，扩增方法参照文献 18 中所描述的方法进行操作。扩增合格的 DNA 使用干冰寄至上海美吉生物医药科技有限公司进行 MiSeq 高通量测序。参照蔡宏宇[19]的方法对返回的序列进行质量控制并根据核苷酸标签（barcode）区分序列来源。然后利用 QIIME（v1.7.0）分析平台[20]对序列进行生物信息学分析：采用 UCLUST 法[21]划分分类操作单元（Operational Taxonomic Units，OTU），使用 RDP（Ribosomal Database Project）[22]和 Greengenes[23]数据库对 OTU 中各代表性序列进行同源性比对确定其微生物分类地位，使用超 1（Chao1）指数和香浓（Shannon）指数分析腊鱼样品中细菌多样性。

（6）多元统计学分析

使用 BioEdit 7.0.9 和 Mega7.0 处理 DGGE 序列并绘制系统发育树，使用 OriginPro 2017 软件绘制其他图形。

1.3.2 结果与讨论

1. 细菌 DGGE 指纹图谱分析

PCR-DGGE 技术可有效区分长度相同但碱基存在差异的序列从而直观

反映样品中微生物多样性及各样品中微生物差异[24]。本研究首先采用PCR-DGGE 技术对恩施腊鱼样品中细菌多样性进行研究，分析结果如图1-12 所示。

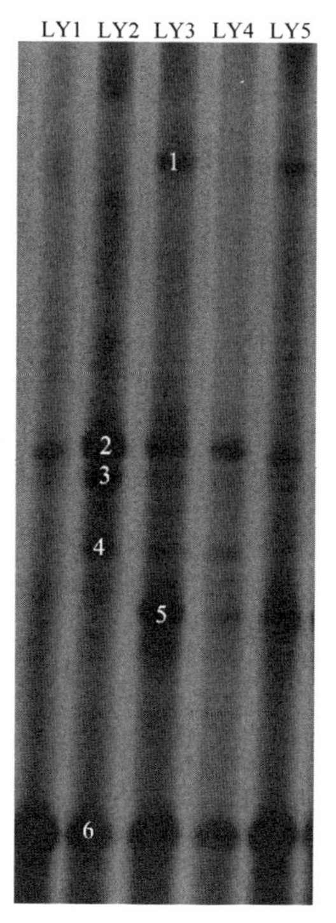

图 1-12　细菌 DGGE 指纹图谱

注：条带 1～条带 6 分别对应 ALY1～ALY6。

由图 1-12 可知，在 DGGE 指纹图谱中 5 个样品呈现出明亮不一的条带，其中条带 ALY2 和条带 ALY6 为所有样品中共有条带且条带较明亮，说明 ALY2 和 ALY6 为样品中共有细菌且含量较高；条带 ALY1、ALY3、ALY4 和 ALY5 为某些样品中特有条带，且在不同样品中条带亮度不同，说明各样品中都含独特细菌且同种细菌在不同样品间含量存在差异。值得一提的是，样品 LY1 中条带数量和亮度明显低于其他样品，说明该样品中细菌丰度和多样性均不及其他样品。本研究进一步将 6 条轮廓清晰的优势条带回收后扩增的序列与数据库进行比对，结果如图 1-13 所示。

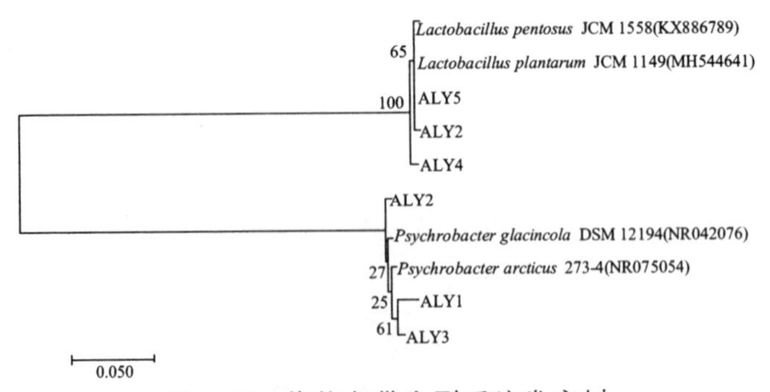

图 1-13 优势条带序列系统发育树

由图 1-13 可知，条带 ALY1、ALY2 和 ALY3 与 *Psychrobacter arcticus*（北极冷杆菌）和 *Psychrobacter glacincola*（水栖冷杆菌）形成一个聚类，而 ALY4、ALY5 和 ALY6 与 *Lactobacillus plantarum*（植物乳杆菌）和 *Lactobacillus pentosus*（戊糖乳杆菌）形成一个聚类。由此可见，虽然利用 PCR-DGGE 技术无法将各条带鉴定到种水平，究其原因可能与引物扩增区域较短有关，但不难发现腊鱼样品中的微生物以 *Psychrobacter*（嗜冷杆菌属）和 *Lactobacillus*（乳酸杆菌属）为主。曾令彬采用传统微生物学手段对腊鱼加工中微生物进行分离鉴定，发现其优势微生物菌群为乳酸菌、微球菌、葡萄球菌和酵母菌[9]，其研究结论与本研究存在一定的差异性，这可能是由于原料种类、地域以及传统微生物学手段的限制等因素造成的。值得一提的是，王建建研究发现野生银鲳消化道内主要菌群为 *Psychrobacter*（嗜冷菌属），而养殖银鲳消化道主要菌群为 *Acinetobacter*（不动杆菌属）和 *Pseudomonas*（假单孢菌属）[25]。此外，杨红玲研究发现石斑鱼肠道原籍 *Psychrobacter* sp.SE6 能抑制多种常见病原菌的生长，且能显著提高石斑鱼饵料利用率并增加其免疫力[26]。由此可见，恩施地区腊鱼样品中的嗜冷杆菌属可能主要来源于原料本身。

2. 细菌 MiSeq 高通量测序分析

相对于基于纯培养的传统微生物手段以及 DGGE 指纹图谱技术，以 Illumina MiSeq 为代表的第二代高通量测序技术可检测到样品中低丰度的菌群，从而能够更加真实准确地反映样本微生物多样性[27]。本研究采用 MiSeq 高通量测序技术从 5 个样品中共检测出 84 721 条合格序列，采用 α 多样性对序列进行分析时发现在测序深度为 29 910 条序列时 LY1、

LY2、LY3、LY4 和 LY5 的 Chao1 指数分别为 574、1 085、1 149、843 和 1096，Shannon 指数分别为 2.65、4.35、6.62、5.76 和 4.86，说明 LY1 中的细菌总数和丰富度最低而 LY3 中的最高，这与 DGGE 分析结果相同。在 97%的相似度下可将质检合格的序列划分至 6 733 个 OTU 中，从每个 OTU 中挑选代表性序列与数据库比对后发现，所有样品共检测出 18 个细菌门，将相对含量大于 1.0%的定义为优势菌门，各优势菌门分析结果如图 1-14 所示。

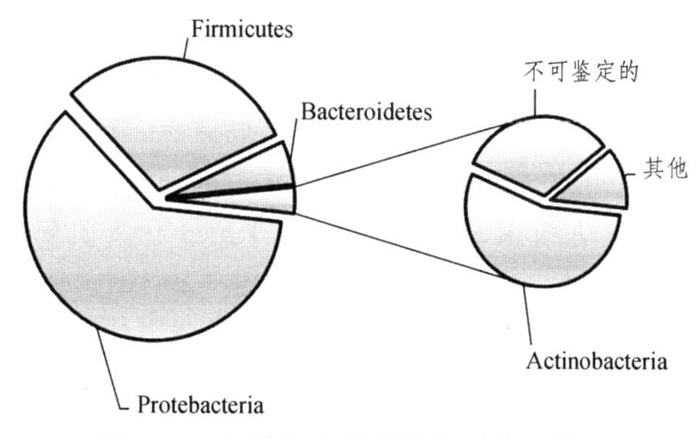

图 1-14　细菌门水平平均相对含量饼图

由图 1-14 可知，腊鱼样品中优势细菌门主要为 Proteobacteria（变形菌门）、Firmicutes（硬壁菌门）、Bacteroidetes（拟杆菌门）和 Actinobacteria（放线菌门），其平均相对含量分别为 61.29%、30.21%、5.34%和 1.74%。值得一提的是，LY4 中 Firmicutes 的相对含量高达 80.20%，LY2 中 Firmicutes 的相对含量仅为 6.14%，LY1 和 LY3 中 Proteobacteria 和 Firmicutes 的相对含量较为相近。吴燕燕[10]和钱茜茜[11]的研究均表明腌干鱼加工过程中主要微生物为 Bacteroidetes、Firmicute 和 Proteobacteria，其研究结果与本研究相同。

本研究进一步从属水平上分析细菌多样性，发现从 LY1、LY2、LY3、LY4 和 LY5 中检测到的细菌属数量分别为 27 个、227 个、133 个、136 个和 53 个，仅有 3.93%的序列不能鉴定到属水平。所有细菌属中平均相对含量大于 0.1%的有 32 个，大于 1.0%的有 8 个，现将平均相对含量大于 1.0%的细菌属定义为优势菌属，则各优势菌属分析结果如图 1-15 所示。

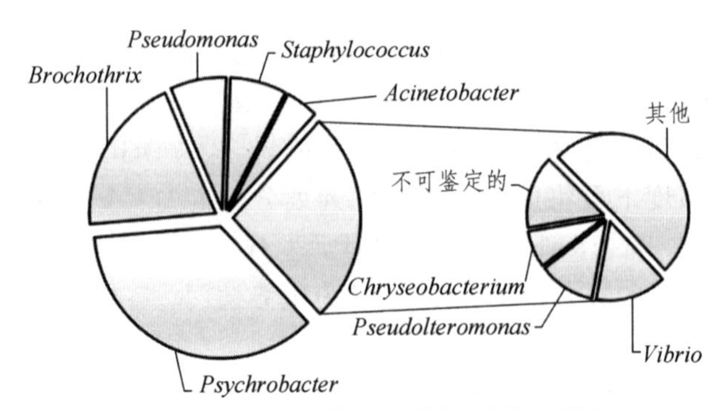

图 1-15 优势细菌属平均相对含量饼图

由图 1-15 可知，恩施腊鱼中的优势细菌属及其平均相对含量分别为 *Psychrobacter*（嗜冷杆菌属，35.70%）、*Brochothrix*（环丝菌属，19.74%）、*Pseudomonas*（假单胞菌属，7.13%）、*Staphylococcus*（葡萄球菌属，7.12%）、*Acinetobacter*（不动细菌属，4.19%）、*Vibrio*（弧菌属，3.90%）、*Pseudoalteromonas*（假交替单胞菌属，3.09%）和 *Chryseobacterium*（金黄杆菌属，1.98%），这些优势细菌属的累积平均相对含量高达 82.84%，但 *Pseudomonas*、*Acinetobacter*、*Vibrio* 和 *Chryseobacterium* 在 LY1 中没有检出，*Chryseobacterium* 在 LY5 中亦没有检出。作为兼性厌氧的革兰氏阳性杆菌，*Brochothrix*（环丝菌属）细菌可以在低氧和 4 °C 生长繁殖，是冷却猪肉中主要的一种污染菌[28]。本研究采集腊鱼样品中亦含有 7.12%的 *Staphylococcus*（葡萄球菌），该菌广泛的分布于自然环境且多数为非致病菌，但作为人类化脓感染中最常见的病原菌，隶属于该属的 *S. aureus*（金黄色葡萄球菌）可在加工、贮藏和运输过程中对食品造成污染[29]。值得一提的是，高通量测序技术亦检测出样品中含有 *Lactobacillus*（平均相对含量为 0.83%）而 DGGE 技术未检测出 *Brochothrix*、*Pseudomonas* 和 *Staphylococcus* 等优势菌属以及其他相对含量更低的细菌属，这可能是由于 DGGE 扩增引物、变性剂范围以及该技术的检测限较低等因素引起的。本研究进一步对 OTU 在各样品中出现次数进行了统计，结果如图 1-16 所示。

由图 1-16 可知，只出现 1 次的 OTU 有 5 622 个，占 OTU 总数的 83.50%，其所包含的序列有 19 170 条，占总序列数的 9.43%；在 5 个样品中均存在的 OTU 有 64 个，仅占 OTU 总数的 0.90%，但其所包含的序列有 127 335 条，占总序列数的 62.67%，这说明 5 个腊鱼样本中含有大量共有细菌菌群。本研究将出现次数为5次且平均相对含量大于1.0%的OTU定义为核心优势OTU，其分析结果如图1-17所示。

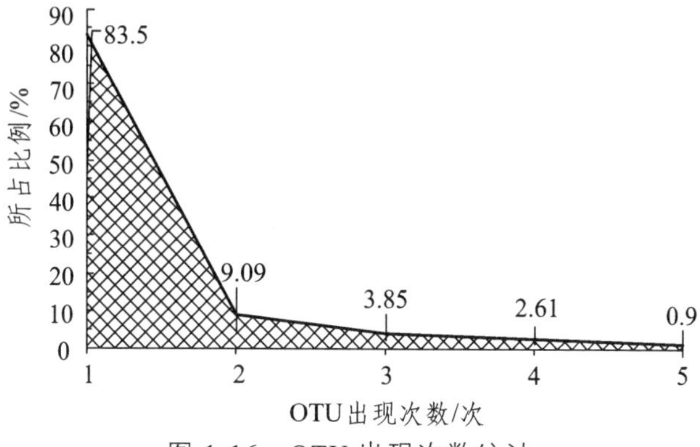

图1-16 OTU出现次数统计

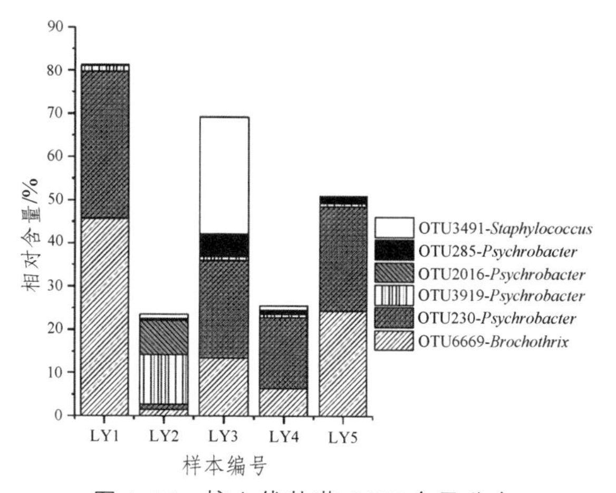

图1-17 核心优势菌OTU含量分布

由图1-17可知，样品中核心优势OTU及其平均相对含量分别为OTU230（19.65%）、OTU6669（18.27%）、OTU3491（5.84%）、OTU3919（3.06%）、OTU2016（1.71%）和OTU285（1.59%），其中OTU230、OTU3919、OTU2016和OTU285隶属于*Psychrobacter*，OTU6669隶属于*Brochothrix*，OTU3491隶属于*Staphylococcus*，说明*Psychrobacter*、*Brochothrix*和*Staphylococcus*为恩施腊鱼样品中核心优势细菌属。由图1-17亦可知，LY1中OTU6669（*Brochothrix*）和LY3中OTU3491（*Staphylococcus*）的相对含量明显高于其他样品，而LY2和LY4中核心

优势 OTU 的累积平均相对含量要低于 LY1、LY3 和 LY5，说明核心优势 OTU 在各样品中的相对含量存在差异。

1.3.3 结 论

采用PCR-DGGE和MiSeq高通量测序技术相结合的方法对恩施地区腊鱼细菌多样性进行了解析，结果发现恩施地区腊鱼中的优势细菌主要由隶属于 Proteobacteria 的 *Psychrobacter* 及隶属于 Firmicutes 的 *Brochothrix* 构成，两者的相对含量占到了细菌总数的 55.44%。虽然不同腊鱼样品中含有较为独特的细菌种群，但其含有 62.67%的核心细菌类群，且核心细菌类群主隶属于 *Psychrobacter*、*Brochothrix* 和 *Staphylococcus*。通过本研究的开展，对恩施地区腊鱼品质的稳定性和安全性的提升提供了一定数据支撑。

参考文献

[1] 汪川义，赵采玲，罗菊英. 恩施州气象站雾日变化趋势及原因分析[J]. 长江流域资源与环境，2017，26（3）：454-459.

[2] 罗菊英，闫永才，李灿，等. 恩施自治州气候资源分析及旅游适宜性区划[J]. 长江流域资源与环境，2013，22（Z1）：39-45.

[3] 刘英丽，李文采，张慧娟，等. 传统发酵食品产香酵母菌的筛选及其发酵产香特性研究[J]. 中国食品学报，2015，15（4）：63-70.

[4] 梁慧，马海霞，李来好. 腊鱼产香酵母菌的筛选及其发酵产香特性初步研究[J]. 食品工业科技，2011，32（12）：213-217.

[5] 杜斌，吴文能，王继玥，等. 侗族传统腌鱼中乳酸菌的分离鉴定与生物学特性[J]. 江苏农业科学，2018，46（7）：185-188.

[6] NIE X, LIN S, MENG X. Identification of two selected lactic acid bacteria strains isolated from dry-cured fish and their behaviors in fermented fish sausage[J]. Journal of Fisheries Sciences, 2016，10（1）：47-52.

[7] 谢静，熊善柏，曾令彬，等. 腊鱼加工中的乳酸菌及其特性[J].

食品与发酵工业，2009，35（6）：32-36.
[8] 杜斌，吴文能，王继玥，等. 侗族传统腌鱼中葡萄球菌的分离鉴定与生物学特性[J]. 贵州农业科学，2017，45（4）：116-119.
[9] 曾令彬，熊善柏，王莉. 腊鱼加工过程中微生物及理化特性的变化[J]. 食品科学，2009，30（3）：54-57.
[10] 吴燕燕，钱茜茜，李来好，等. 基于 Illumina MiSeq 技术分析腌干鱼加工过程中微生物群落多样性[J]. 食品科学，2017，38（12）：1-8.
[11] 钱茜茜. 腌干鱼加工过程微生物群落多样性分析及产胺菌的控制技术研究[D]. 上海：上海海洋大学，2016.
[12] 沈馨，尚雪娇，董蕴，等. 基于 MiSeq 高通量测序技术对 3 个孝感凤窝酒曲细菌多样性的评价[J]. 中国微生态学杂志，2018，30（5）：525-544.
[13] VANHOUTTE T，DE P V，DE B E，et al. Molecular monitoring of the fecal microbiota of healthy human subjects during administration of Lactulose and *Saccharomyces Boulardii*. [J]. Applied & Environmental Microbiology，2006，72（9）：5990-5997.
[14] OKA K，ASARI M，OMURA T,et al. Genotyping of 38 insertion/deletion polymorphisms for human identification using universal fluorescent pcr[J]. Molecular and Cellular Probes，2014，28（1）：13-18.
[15] 夏围围，贾仲君. 高通量测序和 DGGE 分析土壤微生物群落的技术评价[J]. 微生物学报，2014，54（12）：1489-1499.
[16] 杨春雨，王莲萍，王博，等. 白桦 4 个 Dof 基因的克隆及序列分析[J]. 分子植物育种，2018，16（3）：1-6.
[17] 魏春红，门淑珍，李毅. 现代分子生物学实验技术[M]. 北京：高等教育出版社，2012.
[18] 王玉荣，孙永坤，代凯文，等. 基于单分子实时测序技术的 3 个当阳广椒样品细菌多样性研究[J]. 食品工业科技，2018，40（2）：108-112.
[19] 蔡宏宇，王艳，沈馨，等. 常规食用调味面制品对青年志愿者肠道菌群多样性影响[J]. 食品工业科技，2017，39（21）：289-294.

[20] CAPORASO J，KUCZYNASKI J，STOMBAUGH J，et al. QIIME allows integration and analysis of high-throughput community sequencing data[J]. Nature Methods，2010，7（5）：335-336.

[21] EDGAR R C. Search and clustering orders of magnitude faster than BLAST[J]. Bioinformatics，2010，26（19）：2460-2461.

[22] COLE J R，CHAI B，FARRIS R J,et al. The ribosomal database project(RDP-II)：introducing myRDP space and quality controlled public data[J]. Nucleic Acids Research，2007，35（1）：169-172.

[23] DESANTIS T Z，HUGENHOLTZ P，LARSEN N,et al. Greengenes，a chimera-checked 16s rRNA gene database and workbench compatible with ARB[J]. Applied and Environmental Microbiology，2006，72（7）：5069-5072.

[24] GAROFALO C，BANCALARI E，MILANOVIĆ V，et al. Study of the bacterial diversity of foods：PCR-DGGE versus LH-PCR[J]. International Journal of Food Microbiology，2017，242（10）：24-36.

[25] 王建建. 银鲳肠道菌群结构分析及潜在有益菌的筛选[D]. 上海海洋大学，2015.

[26] 杨红玲，马如龙，孙云章. 石斑鱼肠道原籍嗜冷杆菌（*Psychrobacter* sp.）SE6 作为益生菌的体内外评价[J]. 海洋学报（中文版），2012，34（2）：129-135.

[27] 米其利，李雪梅，管莹，等. 高通量测序在食品微生物生态学研究中的应用[J]. 食品科学，2016，37（23）：302-308.

[28] PATANGE A，BOEHM D，BUENO-FERRER C，et al. Controlling *Brochothrix* thermosphacta as a spoilage risk using in-package atmospheric cold plasma[J]. Food Microbiology，2017，66（9）：48-54.

[29] TONG S Y C，DAVIS J S，EICHENBERGER E，et al.*Staphylococcus aureus* infections：epidemiology，pathophysiology，clinical manifestations，and management[J]. Clinical Microbiology Reviews，2015，28（3）：603-661.

（文章发表于《现代食品科技》，2018 年 32 卷 9 期。）

第 2 章　恩施市发酵蔬菜制品微生物多样性解析

2.1　恩施市泡辣椒细菌多样性解析

泡辣椒是一种流行于四川、湖南和贵州等地区的传统发酵辣椒产品[1]，其主要利用辣椒表面附着的微生物自然发酵而成[2]。由于传统发酵食品制作环境开放，使得各类产品中的微生物具有多样性[3]。钟燕青研究发现湖南地区自然发酵剁辣椒中的乳酸菌主要为 *Lactobacillus plantarum*（植物乳杆菌）、*Pediococcus pentosaceus*（戊糖片球菌）和 *L. breris*（短乳杆菌）[4]，同时沙漠从自然发酵的辣椒酱中分离出两株产酸量高、生长良好且适用于发酵辣椒试验的菌株，分别为 *L. plantarum* 和 *Streptococcus faecalis*（肠膜串球菌）[5]。周俊良在贵州地区市售泡辣椒和农家自制酱辣椒产品中筛选出 4 株适用于发酵辣椒制品制作的乳酸菌，分别为 *L. bifermentans*（双发酵乳杆菌）、*L. fermentum*（发酵乳杆菌）、*L. alimentarius*（食品乳杆菌）和 *L. fructivorans*（食果糖乳杆菌）[6]，然而关于湖北恩施地区泡辣椒中微生物多样性的研究报道尚少。

相对于传统微生物培养方式，Illumina Miseq 第二代高通量测序技术可以获得不同环境条件下微生物的群落结构，不仅能够检测到低丰度的微生物而且具有很高的可信度和准确度[7]。同时聚合酶链式反应（Polymerase Chain Reaction，PCR）结合变性梯度凝胶电泳（Denaturing Gradient Gel Electrophoresis，DGGE）是一种新型不依赖于培养的分子生物学技术，其可以直接提取微生物的宏基因组，通过电泳图来检测和鉴定自然环境或人工环境中微生物的种类[8]。Illumina Miseq 技术和 PCR-DGGE 技术优化了传统微生物培养方法中耗时长和工作量大等缺点，同时具有快速和简便且重复性好的特点，被广泛应用于发酵食品[9-10]、肉制品[11-12]、肠道[13-14]和土壤[15-16]微生态研究等领域。

本研究采用 Miseq 高通量测序技术与 PCR-DGGE 技术相结合的方法对恩施地区泡辣椒中微生物的多样性进行解析，同时利用传统微生物纯培养方法分离鉴定其中蕴含的乳酸菌。通过本研究的开展，以期全面解析恩施地区传统发酵辣椒中细菌的多样性，同时对恩施地区发酵食品中乳酸菌的开发利用奠定基础。

2.1.1 材料与方法

1. 材料与试剂

样品：3 个泡辣椒样品均采购于恩施市土桥坝菜市场。

三羟甲基氨基甲烷、乙酸、乙二胺四乙酸、聚丙烯酰胺、N，N-亚甲基二丙烯酰胺均为分析纯：国药集团化学试剂有限公司；MRS 培养基：青岛海博生物技术有限公司；D5625-01 DNA 提取试剂盒、DNA marker、PCR 清洁试剂盒：京科博汇智生物科技发展有限公司；2PCR × mix：南京诺唯赞生物科技有限公司；rTaq 酶、dNTP Mix、pMD18-T vector：大连宝生物技术有限公司（TaKaRa）；正向引物 338F（加入 7 个核苷酸标签 barcodes）和反向引物 806R：由武汉天一辉远生物科技有限公司合成；PCR 引物合成和测序由武汉天一辉远生物科技有限公司完成，引物信息表如表 2-1 所示。

表 2-1　引物信息

引物名称	用途	序列（5'-3'）
338F	高通量测序用引物	ACTCCTACGGGAGGCAGCA
806R		GGACTACHVGGGTWTCTAAT
LacF-GC	乳酸菌 DGGE 扩增用引物	CGCCCGGGGCGCGCCCCGGGCGGCCCGGGGGC ACCGGGGGCTCCTACGGGAGGCAGCAGT
LacR		GTATTACCGCGGCTGCTGGCAC
LacF		ACCGGGGGACTCCTACGGGAGGCAGCAGT
27F	细菌通用引物	AGAGTTTGATCCTGGCTCAG
1495R		CTACGGCTACCTTGTTACGA
M13F（-47）	鉴定阳性克隆用引物	CGCCAGGGTTTTCCCAGTCACGAC
M13R（-48）		GAGCGGATAACAATTTCACACAGG

2. 仪器与设备

Miseq PE300高通量测序平台：美国Illumina公司；R920机架式服务器：美国DELL公司；CT15RE冷冻离心机：日本HITACHI公司；Veriti^{TM} 96-well thermal cycler PCR仪、NanoDrop 2000/2000c：美国Thermo Fisher公司；DCode^{TM} System：美国Bio Red公司；DYY-12电泳仪：北京六一仪器厂；Bio-5000 plus扫描仪：上海中晶科技有限公司；DG250厌氧工作站：英国DWS公司。

3. 方　法

（1）泡辣椒样品宏基因组提取与检测

采用OMEGA D5625-01试剂盒提取3个泡辣椒样品宏基因组，用0.8%琼脂糖凝胶进行电泳检测并用NanoDrop测定其DNA的浓度。

（2）泡辣椒样品细菌16s rRNA PCR扩增及Miseq高通量测序

参照沈馨[17]的方法进行样品细菌16s rRNA PCR扩增及Miseq高通量测序，扩增体系为：4 μL 5×PCR缓冲液，2 μL dNTP mix，正反向引物各0.8 μL，Taq酶0.4 μL，DNA模板10 ng，无菌超纯水补充至20 μL。扩增条件为：95 °C预变性3 min；95 °C变性30 s，55 °C退火30 s，72 °C延伸45 s，30次循环；72 °C延伸10 min。其扩增产物用1.0%琼脂糖凝胶电泳检测合格后将浓度稀释至100 nmol/L，寄至上海美吉生物医药科技有限公司进行Miseq高通量测序。

（3）序列拼接及质量控制

参照周书楠[18]和吴燕燕[19]等人的方法，根据成对序列之间的重叠关系，将双端序列数据拼接成一条序列；其次根据barcode将所有序列划分到各个样品并对序列方向进行校正，最后切掉序列barcode和引物。使用QIIME（v1.7.0）分析平台对拼接及质控成功的序列进行操作分类单元（operational taxonomic units，OTU）划分和物种鉴定（包括界、门、纲、目、科和属水平），并计算各分类单元的相对含量。

（4）泡辣椒中乳酸杆菌多样性解析

乳杆菌16s rRNA基因片段PCR扩增所用正向引物为LacF-GC，反向引物为 LacR。PCR 扩增体系：2.5 μL 10 × PCR Buffer（含 Mg^{2+}），2 μL dNTP，正向引物、反向引物和 rTaq 各 0.5 μL，1 μL DNA 模板，无菌超纯水补充至 25 μL。PCR 扩增条件：95 °C 预变性 4 min，95 °C 变性 30 s，55 °C 退火 30 s，72 °C 延伸 30 s，循环 30 次，72 °C 延伸 10 min。扩增结束后，PCR 扩增产物用 2%的琼脂糖凝胶电泳检测。

采用变性剂梯度为 35% ~ 52%（8%的聚丙烯酰胺）的凝胶进行 DGGE 检测。在温度为 60 °C 的 0.5 TAE 缓冲液中进行电泳，上样量为 10 μL，先 120 V，80 min，后 80 V，13 h。电泳结束后，对 DGGE 胶进行硝酸银染色，对凝胶电泳图进行观察扫描拍照并找出优势条带切胶回收。回收的条带用不含 GC 夹子的 LacF 和 LacR 进行扩增，扩增体系及条件与上述方法相同。将 PCR 清洁产物与 PMD18-T 载体连接后转化到感受态细胞中，经单克隆鉴定合格后送往武汉天一辉远生物科技有限公司进行测序。将测序结果除去两端载体的序列，然后使用 BioEdit 软件进行拼接，拼接后在 NCBI（https://www.ncbi.nlm.nih.gov/）网站中进行同源性比对。

（5）恩施泡辣椒中乳酸菌的分离与鉴定

将泡辣椒样品进行倍比稀释并涂布于含有碳酸钙的 MRS 固体培养基上，置于厌氧工作站恒温 37 °C 培养 48 h。挑取有透明圈的菌落进行纯化、革兰氏染色和保藏。提取各菌株的 DNA（CTAB 法[22]），使用正向引物 27F 和反向引物 1495R 进行 16s rRNA 扩增。在张鲁冀方法上稍作修改[23]，PCR 扩增体系为：2.5 μL 10 × PCR Buffer（含 Mg^{2+}），2 μL dNTP，正向引物、反向引物、rTaq 和 DNA 模板各 0.5 μL，无菌超纯水补充至 25 μL。PCR 扩增条件：95 °C 预变性 4 min，95 °C 变性 1 min，55 °C 退火 1 min，72 °C 延伸 90 s，30 个循环，72 °C 延伸 10 min。PCR 扩增结束后，取扩增产物 2.5 μL 用 1%的琼脂糖凝胶电泳检测。将 PCR 清洁产物按照（4）中的方法处理并对测定结果进行拼接和比对。

（6）数据处理

通过 Origin 8.5 软件对平均相对含量 > 1%的细菌属进行柱状图的绘制，Venn 图由在线网站（http://bioinfogp.cnb.csic.es/tools/venny/index.html）进行绘制。选取各菌株同源性相似度较高的序列与菌株原序列利用

BioEdit 软件和 MEGA 5.0 软件绘制系统发育树。

2.1.2　结果与分析

1. 基于 Miseq 高通量测序技术泡辣椒细菌多样性的研究

本研究的 3 个泡辣椒共产生了 131 480 条 16s rRNA 高质量序列，平均每个样品产生 43 826 条。根据 100%的相似性进行序列划分共得到 78 050 条代表性序列，根据序列的 97%相似性进行 OTU 划分后，共得到 8 879 个 OTU，每个样品平均 2 959 个 OTU。使用 RDP 和 Greengenes 数据库对序列进行同源性比对，将所有的序列鉴定为 10 个门，18 个纲，42 个目，82 个科和 177 个属。

在门水平上，3 个泡辣椒样品中平均相对含量 > 1%的细菌门分别为 Firmicutes（硬壁菌门）和 Proteobacteria（变形菌门），其相对含量分别为 85.70%和 12.59%。在属水平上，有 10.88%的序列不能被鉴定，其中平均相对含量 > 1%的属如图 2-1 所示。

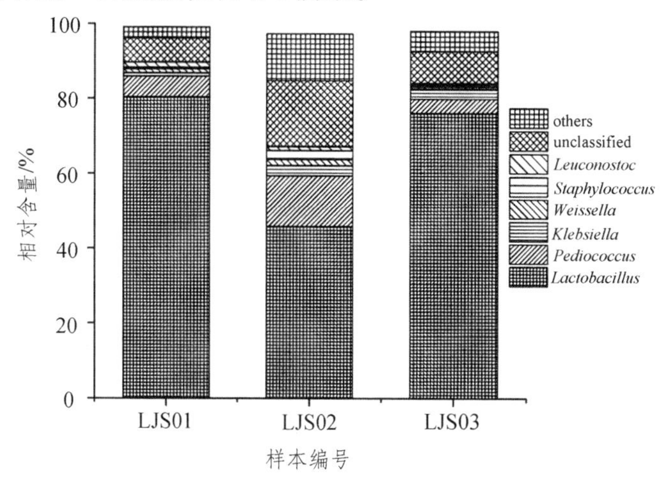

图 2-1　泡辣椒样品中平均相对含量 > 1%的细菌属

由图 2-1 可知，泡辣椒样品中平均相对含量 > 1%的属为 *Lactobacillus*（乳酸杆菌属）、*Pediococcus*（片球菌属）、*Klebsiella*（克雷伯菌属）、*Weissella*（魏斯氏菌属）、*Staphylococcus*（葡萄球菌属）和 *Leuconostoc*（明串球菌属），其平均相对含量分别为 67.37%、7.69%、1.99%、1.16%、

1.08%和 1.02%。由此可知，隶属于 Firmicutes 的 *Lactobacillus* 为泡辣椒水中的优势属。

在 OTU 水平上，本研究进一步统计了 OTU 在 3 个样品中出现的频率，结果如图 2-2 所示。

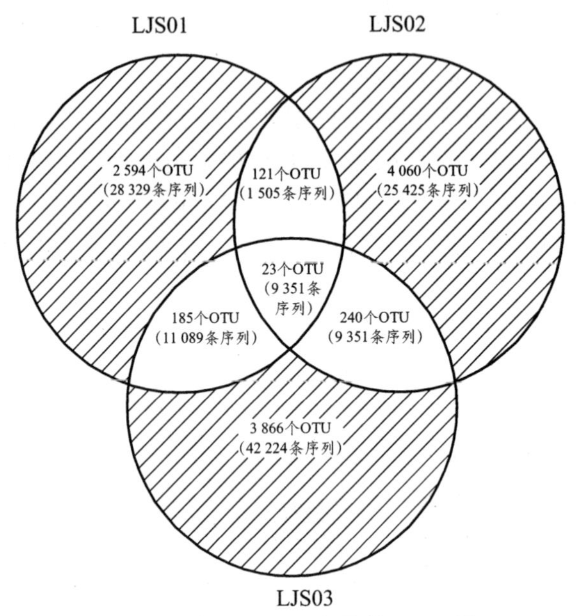

图 2-2　基于 OTU 水平的 Venn 图

由图 2-2 可知，3 个泡辣椒样品共有 23 个核心 OTU，仅占 OTU 总数的 0.2%，但包含了 95978 条序列，占总序列数的 73.0%。进一步研究发现，23 个核心 OTU 中有 8 个 OTU 的相对含量 > 1.5%，分别为 OTU1140、OTU2282、OTU3351、OTU7763、OTU326、OTU227、OTU5266 和 OTU7746。本研究进一步将上述 8 个核心 OTU 构建了系统发育树，如图 2-3 所示。

由图 2-3 可知，OTU1140 和 OTU2282 与 *L. acidifarinae*（暂无中文翻译）聚为一类，OTU3351 与 *L. namurensis*（暂无中文翻译）聚为一类，OTU7763 和 *L. parafarraginis*（暂无中文翻译）聚为一类，OTU326 与 *L. kisonensis*（暂无中文翻译）聚为一类，OTU5266 和 OTU227 与 *P. ethanolidurans*（暂无中文翻译）聚为一类，OTU7746 与 *L. acetotolerans*（耐酸乳杆菌）聚为一类。

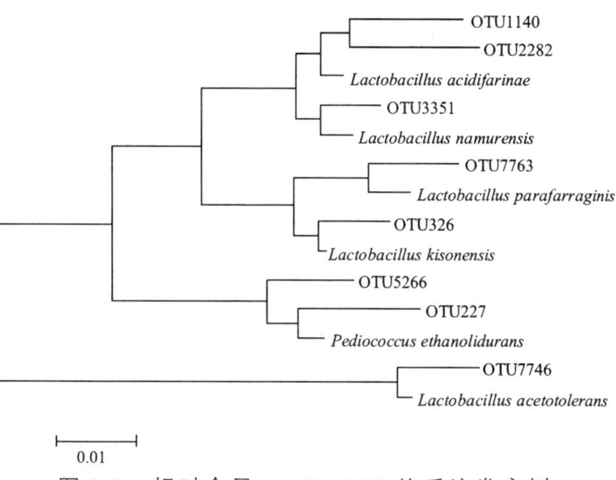

图 2-3 相对含量＞1.0%OTU 的系统发育树

2. 基于 PCR-DGGE 测序技术泡辣椒乳酸菌多样性的研究

由于本研究 Miseq 高通量测序的靶点主要针对 16s rRNA 的 $V_3 \sim V_4$ 区，所以其引物通用性较强，在种属鉴定时通常仅将其鉴定到属水平。本研究进一步使用乳酸杆菌专用引物对样品中的乳酸杆菌属进行了扩增，并结合 PCR-DGGE 技术对其多样性进行了解析。泡辣椒样品中乳杆菌 PCR-DGGE 电泳图如图 2-4 所示。

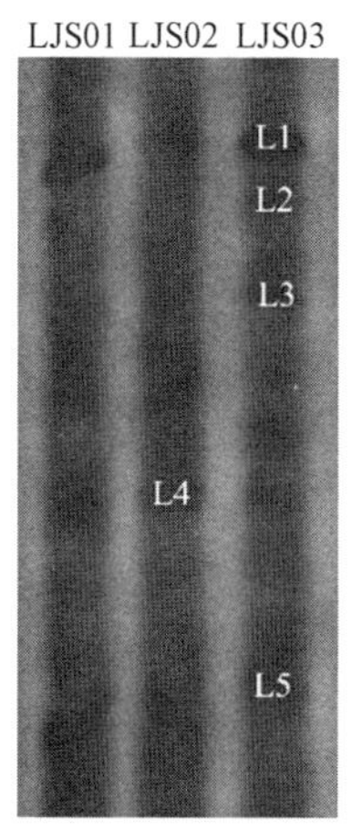

图 2-4 泡辣椒样品中乳杆菌 PCR-DGGE 电泳图

由图 2-4 可知，在电泳图中共找到 5 条特异性条带，条带 1、条带

2和条带4是3个泡辣椒样品的共有条带,条带5存在于LJS01和LJS03样品中，但是各条带的亮度不一致，说明同种微生物在不同样品中的含量存在差异，而条带3只存在LJS03样品中。由此可见，不同泡辣椒样品间乳酸菌多样性存在一定差异，且LJS03样品中乳酸菌多样性较高。本研究进一步对各优势条带进行切胶回收和序列分析，结果如表2-2所示。

表2-2 泡辣椒乳杆菌DGGE比对结果

条带编号	NCBI BLAST比对结果	相似度/%	登录号
L1	*Lactobacillus plantarum*	100	LC258153.1
L2	*Lactobacillus namurensis*	100	NR042514.1
L3	*Lactobacillus fermentum*	100	LC065036.1
L4	*Pseudomonas turukhanskensis*	100	NR152710.1
L5	*Lactobacillus brevis*	99	NR044704.2

由表2-2可知，5个特异性条带与现有数据库中序列都具有较高的相似度(99%~100%)。条带L1为*L. plantarum*,条带L2为*L. namurensis*,条带L3为*L. fermentum*(发酵乳杆菌),条带L4为*P. turukhanskensis*(暂无中文翻译)，条带L5为*L. breris*。由此可见，恩施地区泡辣椒中乳酸菌多样性较高，采用纯培养技术对其中蕴含乳酸菌菌种资源进行挖掘显得尤为必要。

3. 泡辣椒中乳酸菌分离鉴定结果及系统发育分析

本研究进一步使用传统微生物培养方法对3个泡辣椒样品中的乳酸菌进行了分离鉴定。测序比对结果如表2-3所示。

由表2-3可知，3个泡辣椒中共分离14株乳酸菌，经16s rRNA基因序列鉴定发现7株为*L. plantarum*，2株为*L. fermentum*，3株为*E. faecium*（屎肠球菌），1株为*L. farciminis*（香肠乳杆菌），1株为*L. alimentarius*。将各菌株与数据库中的模式菌构建系统发育树，如图2-5所示。

表 2-3 泡辣椒中 16s rRNA 基因序列比对结果

菌株编号	NCBI BLAST 结果	相似度/%	登录号
LJS01-1	*Lactobacillus plantarum*	99	LC064896.1
LJS01-2	*Enterococcus faecium*	99	NR114742.1
LJS01-3	*Lactobacillus plantarum*	99	LC064896.1
LJS01-4	*Lactobacillus fermentum*	99	NR113335.1
LJS01-6	*Lactobacillus plantarum*	99	LC064896.1
LJS01-7	*Lactobacillus plantarum*	99	LC064896.1
LJS02-1	*Enterococcus faecium*	99	NR114742.1
LJS02-2	*Lactobacillus fermentum*	99	NR113335.1
LJS02-4	*Enterococcus faecium*	99	NR114742.1
LJS03-1	*Lactobacillus plantarum*	99	NR113338.1
LJS03-2	*Lactobacillus farciminis*	99	LC063168.1
LJS03-3	*Lactobacillus alimentarius*	99	LC063166.1
LJS03-5	*Lactobacillus plantarum*	100	NR029133.1
LJS03-6	*Lactobacillus plantarum*	99	LC064896.1

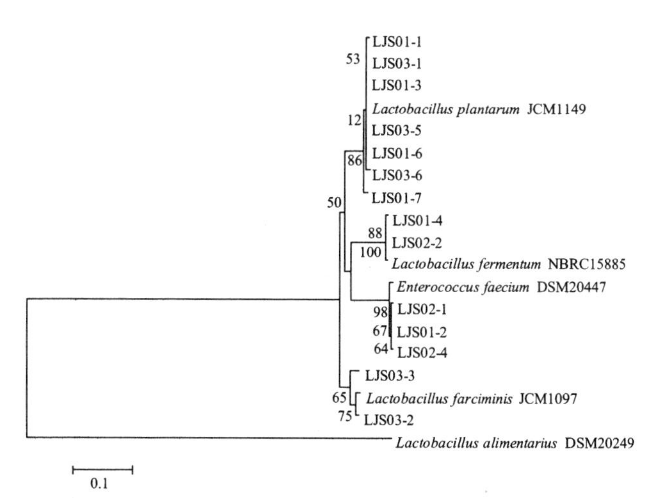

图 2-5 系统发育树

由图 2-5 可知，系统发育树分为两大支，其中 13 株菌聚类在一个分支，LJS01-1、LJS01-3、LJS03-1、LJS03-5、LJS01-7、LJS01-6 和 LJS03-6 与 *L. plantarum* 聚为一类，LJS01-4 和 LJS02-2 与 *L. fermentum* 聚为一类，LJS02-1、LJS01-2 和 LJS02-4 与 *E. faecium* 聚为一类，LJS03-2 与 *L. farciminis* 聚为一类，而菌株 LJS03-3 与 *L. alimentarius* 聚类在另一分支上。

2.1.3 结 论

本研究采用 Miseq 高通量测序技术对采集自湖北恩施地区泡辣椒细菌多样性进行了解析，研究发现隶属于 Firmicutes 的 *Lactobacillus* 为其优势属，相对含量达到了 67.37%，以往研究报道与本研究相同。利用 Miseq 高通量测序方法，韩俊燕对发酵辣椒中微生物多样性进行了分析评价，结果发现 Firmicutes 为所有样品的优势细菌门，其含量在 50%以上，进一步研究得知 *Lactobacillus* 和 *Weissella* 为优势细菌属[23]。Jung 使用 454 GS FLX Titanium 测序系统发现韩国泡菜中主要的细菌属为 *Leuconostoc*，*Lactobacillus* 和 *Weissella*[24]。

通过纯培养和分子生物学相结合的方法，本研究发现从泡辣椒样品中分离出的乳酸菌主要为 *L. plantarum*，以往研究报道与本研究相同。利用传统分子生物学及 16s rRNA 测序方法，王修俊在贵阳发酵辣椒中发现一株产酸能力较强、生长良好的优势菌株，经鉴定为 *L. plantarum*[26]。利用传统微生物学方法及分子生物学的方法，叶陵在自然发酵剁辣椒中共鉴定出 5 株乳酸菌，其中 3 株为 *L. plantarum*，2 株为 *L. breris*[27]。朱隆绘对自然发酵辣椒中的天然微生物进行筛选及生理生化鉴定，结果共鉴定出 6 株乳酸菌，其中 4 株为 *L. plantarum*，2 株为 *L. galactococcus*（植物乳球菌）[28]。然而通过 PCR-DGGE 技术发现，恩施地区泡辣椒中的主要乳酸菌为 *L. plantarum*、*L. namurensis*、*L*、*brevis* 和 *L. fermentum*，然而采用纯培养技术未从中分离出 *L. namurensis* 和 *L*、*brevis*。由此可见，为从泡辣椒样品中更多地分离出乳酸菌菌株，在后续研究中继续优化分离培养基配方和菌株培养条件显得尤为重要。

通过本研究可知，*Lactobacillus* 为恩施地区泡辣椒中的优势菌属且多样性较高，其蕴含的乳酸菌资源可为益生菌的筛选和应用提供强大的资源菌株库，同时丰富的乳酸菌资源亦可为传统发酵食品的产业化生产提供了有利条件，进而使各类发酵蔬菜生产工艺的改良成为可能。

参考文献

[1] 李锋，孙美娟. 传统发酵蔬菜中微生物多样性研究进展[J]. 河池学院学报，2017，37（2）：31-35.

[2] 杜卫华，陈移平，鲍华军，等. 陈泡辣椒汁接种腌渍辣椒的发酵工艺[J]. 浙江农业科学，2018，59（2）：318-321.

[3] 周辉. 我国传统发酵蔬菜产业存在的问题及对策[J]. 轻工科技，2018，34（5）：48-49.

[4] 钟燕青. 自然发酵辣椒中乳酸菌分离筛选及香气成分分析[D]. 长沙：湖南农业大学，2012.

[5] 沙漠，逄焕明，古丽娜孜，等. 自然发酵辣椒酱中乳酸菌的分离与鉴定[J]. 食品与机械，2012，28（1）：35-37.

[6] 周俊良. 发酵辣椒制品优势菌群鉴别筛选及其载体研究[D]. 贵阳：贵州大学，2008.

[7] SUN X，LYU G，LUAN Y，et al. Analyses of microbial community of naturally homemade soybean pastes in Liaoning Province of China by Illumina Miseq Sequencing[J]. Food Research International，2018，111（9）：50-57.

[8] 李沛军，孔保华，郑冬梅，等. PCR-DGGE 技术在肉品微生物生态学中的应用[J]. 食品科学，2012，33（19）：338-343.

[9] LIANG H，YIN L，ZHANG Y，et al. Dynamics and diversity of a microbial community during the fermentation of industrialized Qingcai paocai，a traditional Chinese fermented vegetable food，as assessed by Illumina MiSeq sequencing，DGGE and qPCR assay[J]. Annals of Microbiology，2018，68（2）：111-122.

[10] DU R，GE J，ZHAO D，et al. Bacterial diversity and community structure during fermentation of Chinese sauerkraut with *Lactobacillus casei* 11MZ-5-1 by Illumina Miseq sequencing[J]. Letters in Applied Microbiology，2018，66（1）：55-62.

[11] WEI N, WANG C, XIAO S, et al. Intestinal microbiota in large yellow croaker, *Larimichthys crocea*, at different ages[J]. Journal of the World Aquaculture Society, 2018, 49 (1): 256-267.

[12] WANG X, REN H, ZHAN Y. Characterization of microbial community composition and pathogens risk assessment in typical Italian-style salami by high-throughput sequencing technology[J]. Food Science and Biotechnology, 2018, 27(1): 241-249.

[13] VARUDKAR A, RAMAKRISHNAN U. Gut microflora may facilitate adaptation to anthropic habitat: a comparative study in *Rattus*[J]. Ecology and Evolution, 2018, 8 (13): 6463-6472.

[14] 白雅婷，吴国宏，许智海，等. PCR-DGGE 法分析海参花酶解物对小鼠肠道菌群的影响[J]. 集美大学学报（自然科学版），2018，23（1）：8-16.

[15] HONG C, SI Y, XING Y, et al. Illumina MiSeq sequencing investigation on the contrasting soil bacterial community structures in different iron mining areas[J]. Environmental Science and Pollution Research, 2015, 22 (14): 10788-10799.

[16] ZHANG W, MO Y, YANG J, et al. Genetic diversity pattern of microeukaryotic communities and its relationship with the environment based on PCR-DGGE and T-RFLP techniques in Dongshan Bay, southeast China[J]. Continental Shelf Research, 2018, 164 (7): 1-9.

[17] 沈馨，尚雪娇，董蕴，等. 基于 MiSeq 高通量测序技术对 3 个孝感凤窝酒曲细菌多样性的评价[J]. 中国微生态学杂志，2018，30（5）：525-530.

[18] 周书楠，席修璞，董蕴，等. 琚湾酸浆面浆水细菌多样性评价[J]. 中国酿造，2018，37（1）：49-53.

[19] 吴燕燕，钱茜茜，李来好，等. 基于 Illumina MiSeq 技术分析腌干鱼加工过程中微生物群落多样性[J]. 食品科学，2017，38（12）：1-8.

[20] 薛景波，毛健，刘双平. 黄酒麦曲微生物总 DNA 提取方法比较[J]. 食品与生物技术学报，2018，37（2）：217-223.
[21] 张鲁冀，孟祥晨. 自然发酵东北酸菜中乳杆菌的分离与鉴定[J]. 东北农业大学学报，2010，41（11）：125-131.
[22] 韩俊燕，赵国忠，赵建新，等. 发酵辣椒细菌多样性的 16s rRNA 测序分析[J]. 中国食品学报，2018，18（5）：246-251.
[23] JUNG J Y，LEE S H，KIM J M，et al. Metagenomic analysis of kimchi，the Korean traditional fermented food[J]. Applied and Environmental Microbiology，2011，77（7）：2264-2274.
[24] 王修俊，王丽芳，郑君花，等. 贵州发酵辣椒中优良乳酸菌的分离鉴定及生长特性研究[J]. 食品科技，2014，39（10）：17-21.
[25] 叶陵，李勇，王蓉蓉，等. 剁辣椒中优良乳酸菌的分离鉴定及其生物学特性分析[J]. 食品科学，2018，39（10）：112-117.
[26] 朱隆绘，王修俊，艾静汶，等. 自然发酵辣椒中天然微生物的分离与鉴定[J]. 中国调味品，2013，38（2）：30-33.

（文章发表于《中国酿造》，2019 年 38 卷 2 期）

2.2 恩施市酸萝卜细菌多样性解析

泡菜是以萝卜、白菜、黄瓜或豆角为主料，加入适量辣椒和生姜等辅料浸入 4%～6%的盐水中，20～25 °C 发酵 6～10 天制作而成的一种发酵蔬菜制品[1]。泡菜的制作和食用历史可追溯到公元前 1 000 年，而恩施土家族苗族自治州作为一个自然资源丰富、民族文化多样的少数民族聚居地区，较好地保留了泡菜传统制作工艺[2-3]。当地制作的泡菜种类繁多，最为出名的当属酸萝卜，其主要以农家自种的红萝卜为原料，采用“老坛陈泡”的方法制作而成，腌制成熟的酸萝卜口感脆嫩、色泽鲜亮，深受人们的喜爱。

作为影响泡菜品质的重要因素之一，泡菜微生物多样性解析一直是国内外学者研究的热点。裴乐乐采用构建 16s rRNA 基因文库和核糖体

DNA 扩增片段限制性内切酶分型分析（Amplifed Ribosomal DNA Restriction Analysis，ARDRA）的方法对四川不同原料泡菜中细菌多样性进行解析，发现泡菜中的细菌绝大多数类群为乳酸菌[4]；朱琳采用 Illumina-HiSeq 高通量测序技术分析了细菌群落结构多样性和亚硝酸盐浓度的关系，结果发现泡菜发酵液中优势细菌在亚硝酸盐浓度峰值期以 Proteobacteria（变形菌门）为主，而在回落期以 Firmicutes（硬壁菌门）为主[5]；Xiong 研究报道 *Enterococcus faecium*（屎肠球菌）和 *Streptococcus lactis*（乳酸链球菌）等是泡菜发酵中期的优势菌，*Lactobacillus plantarum*（植物乳杆菌）和 *Lactobacillus sakei*（清酒乳杆菌）是发酵后期的优势菌[6-7]。然而，目前有关恩施酸萝卜泡菜中微生物的研究鲜见报道。

本研究采用 Illumina-MiSeq 高通量测序和变性梯度凝胶电泳（Denaturing Gradient Gel Electrophoresis，DGGE）技术对采集自恩施地区酸萝卜的细菌和乳酸菌多样性进行了解析，同时采用传统微生物学手段对其中蕴藏乳酸菌菌株进行了分离鉴定与保藏，以期为恩施地区传统发酵食品多样性的解析提供数据支撑。

2.2.1 材料与方法

1. 材料与试剂

酸萝卜采集自恩施土家族苗族自治州舞阳坝菜市场。聚丙烯酰胺、N,N-亚甲基二丙烯酰胺、尿素、过硫酸铵、冰醋酸、甲醛、硝酸银和十六烷基三甲基溴化铵（Cetyltrimethyl Ammonium Bromide：CTAB）均为分析纯：购于国药集团化学试剂有限公司；MRS 合成培养基：购于青岛海博生物技术有限公司；10 × PCR Buffer、脱氧核糖核苷三磷酸（deoxy-ribonucleotide triphosphate：dNTP）、DNA 聚合酶、蛋白酶 K、溶菌酶、pMD18-T vector 和 SolutionI 均为生物试剂：购于宝生物工程（大连）有限公司；Loading buffer、DL500 和 DL2000 DNA Marker：购于宝日医生物技术（北京）有限公司；2 × PCR mix：购于南京诺唯赞生物科技有限公司；Axygen 清洁试剂盒：购于北京科博汇智生物科技发展有限公司；QIAGEN DNeasy mericon Food Kit 提取试剂盒：购于德国 QIAGEN 公司；引物：由武汉天一辉远生物科技有限公司合成，信息如表 2-4 所示。

表 2-4 各引物名字及序列信息

引物名称	序列（5’-3’）	参考文献
338F	ACTCCTACGGGAGGCAGCA	[8]
806R	GGACTACHVGGGT	
Lac-GC-V_3F	CGCCCGGGGCGCGCCCCGGGCGGCCCGGGGGCAC CGGGGGACTCCTACGGGAGGCAGCAGT	[9]
Lac-V_3R	GTATTACCGCGGCTGCTGGCAC	
Lac-V_3F	ACCGGGGGACTCCTACGGGAGGCAGCAGT	
27F	AGAGTTTGATCCTGGCTCAG	[10]
1495R	CTACGGCTACCTTGTTACGA	
M13F（-47）	CGCCAGGGTTTTCCCAGTCACGAC	[11]
M13R（-48）	GAGCGGATAACAATTTCACACAGG	

2. 仪器与设备

HBM-400B 拍击式无菌均质器：天津市恒奥科技发展有限公司；ND-2000C 微量紫外分光光度计：美国 Nano Drop 公司；Veriti^{TM}96 孔梯度 PCR 扩增仪：美国 AB 公司；DYY-12 水平电泳仪：北京市六一仪器厂；DCode^{TM} System：美国 Bio Red 公司；Bio-5000 plus 扫描仪：上海中晶科技有限公司；5810R 台式高速冷冻离心机：德国 Eppendorf 公司；HR40-IIB2 生物安全柜：青岛海尔特种电器有限公司；DG250 厌氧工作站：英国 DWS 公司；ECLIPSE Ci 生物显微镜：日本 Nikon 公司；UV PCDS8000 凝胶成像分析系统：美国 BIO-RAD 公司。

3. 方　法

（1）宏基因组 DNA 提取及检测

取 25 g 酸萝卜使用灭菌的刀和砧板将其切碎后，进一步使用拍击式无菌均质器拍击 2 min，拍击液 300 r/min 离心 10 min 后，取上清液 10 000 r/min 离心 10 min，沉淀备用。使用 QIAGEN DNeasy mericon Food Kit 提取试剂盒按照约束步骤提取样品宏基因组 DNA，用微量紫外分光光度计检测提取 DNA 的 OD_{260}/OD_{280} 及浓度。

（2）细菌 Miseq 高通量测序分析

① 细菌 PCR 扩增及测序以提取的 DNA 为模板进行 PCR 扩增，扩增体系为 20 μL，其中：10 × PCR Buffer 5 μL，dNTP mix（2.5 mmol/L）4 μL，引物 338F/806R 各 1 μL，rTaq 酶（5 U/μL）0.4 μL，DNA 模板 1 μL，其余部分使用无菌水补齐[12]。体系混匀后置于 PCR 扩增仪进行扩增，扩增条件为 95 °C 预变性 3 min；95 °C 变性 30s，55 °C 退火 30s，72 °C 延伸 45s，此流程循环 30 次然后 72 °C 完全延伸 10 min，最终维持在 4 °C。将检测合格的扩增产物寄至上海美吉生物医药科技有限公司，使用 Miseq PE300 高通量测序平台进行测序。

② 序列质量控制及分析参照沈馨的方法删除拼接后不满足质控条件的序列[13]，再根据核酸标签（barcod）将序列归类至各样品以便后续分析。然后参照 Caporaso J G[14]和 Edgar R C[15]等的方法以 100%和 97%相似度划分操作分类单元（Operational Taxonomic Units，OTU），最后从各 OTU 中挑选代表性序列利用 Greengenes（Release 13.8）[16]和 RDP（Ribosomal Database Project，Release 11.5）[17]数据库进行同源性比对，明确各 OTU 在微生物分类水平上地位。

（3）乳酸菌 DGGE 指纹图谱分析

① PCR 扩增及检测使用无菌超纯水将各样品宏基因组 DNA 浓度稀释至 50 ng/μL 作为 PCR 扩增模板。PCR 扩增体系为：10 × PCR Buffer（含 Mg^{2+}）2.5 μL，2.5 mmol/L dNTP mix 2 μL，10 μmol/L 的正向和反向引物各 0.5 μL，5U/μL rTaq 0.2 μL，DNA 模板 0.5 μL，18.8 μL 无菌超纯水，扩增引物为 Lac-GC-V_3F 和 Lac-V_3R。PCR 扩增程序为：94 °C 预变性 5 min；（94 °C 变性 30s；58 °C 退火 1 min；72 °C 延伸 90s），30 个循环；然后 72 °C 完全延伸 10 min，4 °C 备用[18]。用 1.0%的琼脂糖凝胶检测扩增效果。

② DGGE 检测检测条件：加样量为 10 μL，细菌和乳酸菌变性剂范围均为 35%～52%，缓冲溶液为 0.5 × TAE；60 °C 先 120 V 电泳 76 min 然后 80 V 维持 13h。结束电泳冷却至室温并采用银染法染色[19]。

③ 条带回收及测序挑选优势条带用无菌刀切下置于 1.5 mL 无菌

EP 管中添加 50 μL 无菌超纯水并用枪头捣碎，4 °C 静置过夜。PCR 扩增体系为：2 × PCR mix 12.5 μL，无 GC 夹子的引物各 0.5 μL，DNA 模板 2 μL，无菌超纯水 9.5 μL；扩增条件与①相同。采用试剂和对扩增产物进行清洁，连接转化大肠杆菌 Top10，并将阳性克隆寄至南京金斯瑞生物科技有限公司进行测序。

（4）乳酸菌菌株的分离鉴定

① 乳酸菌分离纯化采用稀释涂布平板法将样品稀释液涂布于含 1.0%碳酸钙的 MRS 琼脂培养基上，平板倒置于厌氧工作站中 37 °C 厌氧培养 48h 后挑选周围有透明圈的单菌落进行纯化与保藏。

② 乳酸菌 DNA 提取与鉴定采用 CTAB 法提取纯化菌株 DNA[20]，然后以提取的 DNA 为模板进行 PCR 扩增，PCR 扩增所需引物为 27F 和 1495R，其余条件均与（3）相同。

4. 数据处理

采用多元统计学手段对高通量测序结果进行分析，门和属水平的细菌多样性分析图使用 OriginPro 2017 软件绘制，核心优势 OTU 相对含量热图由 Matlab 2016b 绘制而成。使用 BioEdit 7.0.9 和 DNAMAN 6.0 将乳酸菌菌株鉴定返回的序列去除正反引物后上传至 BLAST（Basic Local Alignment Search Tool）中进行同源性比对，将分析的序列与比对的模式株序列置于 MEGA7.0 中构建系统发育树。

2.2.2 结果与讨论

1. 细菌 Miseq 高通量测序分析

使用 Miseq 高通量测序技术对 3 个样本进行测序，共获得 152 488 条高质量序列，平均每个样品测得的序列数为 50 829 条。采用两步 UCLUST 进行序列归并，在 100%相似度下共捕获 67 316 条代表性序列，在 97%相似度下共划分得到 4 561 个 OTU，根据各 OTU 中挑选的代表性序列与数据库比对情况，统计微生物各分类水平数量并进行 α 多样性分析，结果如表 2-5 所示。

表 2-5　各分类水平鉴定结果及 α 多样性分析

样品编号	序列数/条	门/个	纲/个	目/个	科/个	属/个	超 1 指数	香农指数
LBS01	49 511	4	8	15	23	25	869	3.96
LBS02	53 672	3	5	11	16	17	999	4.40
LBS03	49 305	4	13	19	24	33	959	5.92

注：样品的测序量为 48 010 条序列时，计算得到每个样品的超 1 指数和香浓指数。

由表 2-5 可知，LBS03 中检测出 4 个门、13 个纲、19 个目、23 个科以及 33 个属，其细菌微生物在各分类水平的数量均较 LBS01 和 LBS02 的多，α 多样性分析结果亦显示 LBS03 的香农指数最大，这说明 LBS03 样品的细菌多样性最高。由表 3-5 亦可知，LBS02 超 1 指数大于 LBS01 和 LBS03，这说明 LBS02 样品的细菌丰度最大。根据比对结果，本研究对各细菌门在各样品中的相对含量进行了分析，结果如图 2-6 所示。

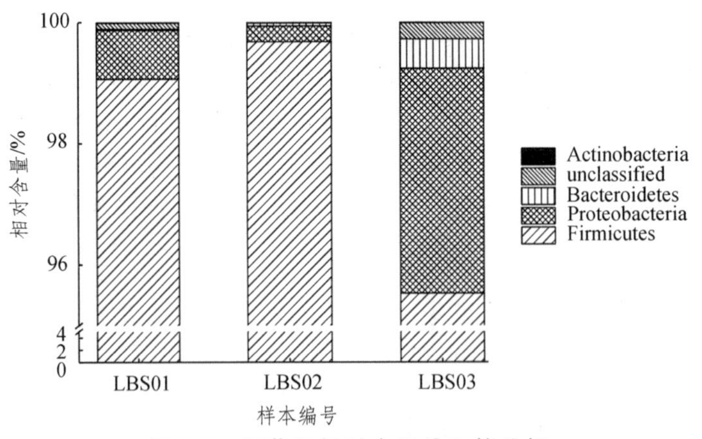

图 2-6　细菌门相对含量的比较分析

由图 2-6 可知，恩施酸萝卜中细菌主要隶属于 Firmicutes、Proteobacteria、Bacteroidetes（拟杆菌门）和 Actinobacteria（放线菌门），其平均相对含量分别为 98.09%、1.59%、0.18%和 0.01%。由图 2-6 亦可知，Firmicutes 在各样品中的相对含量均在 95%以上，而平均相对含量仅次于 Firmicutes 的 Proteobacteria 在 LBS03 中的含量要明显高于 LBS01 和 LBS02。值得

一提的是，在 LBS02 中未检测出 Actinobacteria，说明各样品中细菌的种类存在差异。曹佳珞等采用单分子实时测序技术（Single Molecule Real-time Sequencing Technology，SMRT）对四川传统泡菜盐水中细菌多样性进行研究，发现其优势菌门为 Firmicutes 和 Proteobacteria[21]，这与本研究结果有相似之处。

采用 Miseq 高通量测序技术从 3 个样本中共检测出 70 个细菌属，仅有 7.69%的序列不能鉴定到属水平。本研究将平均相对含量大于 0.1%的细菌属定义为优势属，其种类及相对含量如图 2-7 所示。

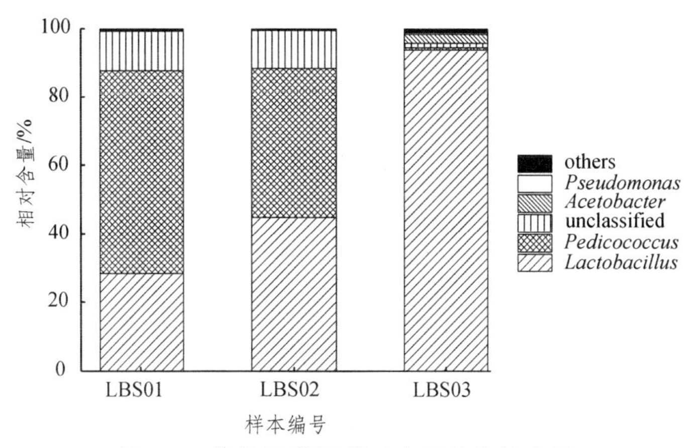

图 2-7 优势细菌属相对含量的比较分析

由图 2-7 可知，恩施酸萝卜中的优势细菌属及其平均相对含量分别为 *Lactobacillus*（乳酸杆菌属，55.76%）、*Pediococcus*（小球菌属，34.50%）、*Acetobacter*（醋酸杆菌属，0.83%）和 *Pseudomonas*（假单胞菌属，0.19%）。其中 *Lactobacillus* 在 LBS03 中的相对含量高达 93.79%，远高于 LBS01（28.46%）和 LBS02（45.02%），而 *Pediococcus* 在各样品中的相对含量却呈相反的趋势。此外，*Acetobacter* 在 LBS03 中的相对含量为 2.50%，而在样品 LBS01 和 LBS02 中均未检出。

本研究进一步在 OTU 水平上对 3 个酸萝卜中细菌多样性进行了解析，在 LBS01、LBS02 和 LBS03 中共发现 1 665 个、1 843 个和 2 169 个 OTU，其中有 320 个 OTU 存在于所有样品中，其累计平均相对含量为 29.67%。由此可见，酸萝卜中含有较多核心细菌菌群。本研究将在所有样品中均存在的 OTU 定义为核心 OTU，同时对平均相对含量大于 0.1%的核心 OTU

进行了分析，结果如图 2-8 所示。

由图 2-8 可知，平均相对含量大于 0.1%的核心 OTU 有 34 个，其中有 26 个隶属于 *Lactobacillus*，2 个隶属于 *Pediococcus*，另有 5 个 OTU 不能鉴定到属水平。平均相对含量排名前 3 的 OTU 分别为 OTU799（隶属于 *Pediococcus*）、OTU3411（隶属于 *Lactobacillus*）和 OTU1018（*Lactobacillus*），其在 LBS01、LBS02 和 LBS03 中的相对含量分别为 17.78%、13.95%和 0.21%，0.19%、4.93%和 4.34%，0.45%、2.45%和 4.33%。由此可见，虽然酸萝卜发酵液中含有较多核心细菌菌群，但各样品间细菌类群的含量存在较大差异。

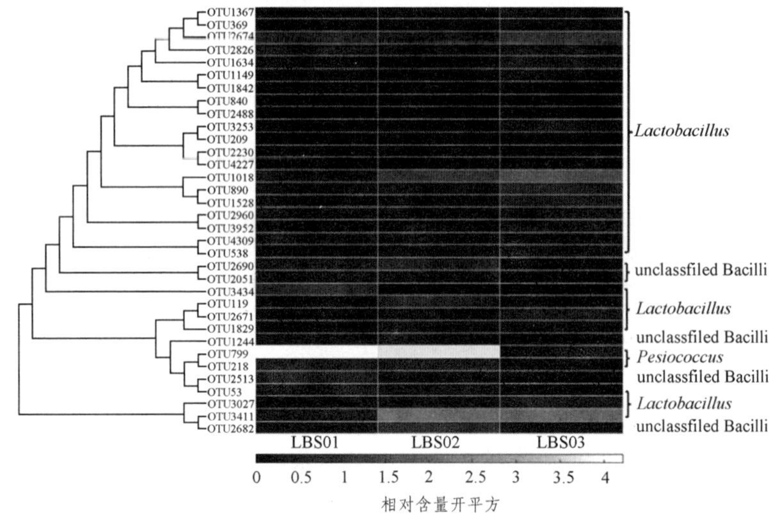

图 2-8　核心优势 OTU 相对含量热图

注：图左侧为根据各 OTU 序列构建的进化树。

2. 细菌及乳酸菌 DGGE 指纹图谱分析

根据双链 DNA 分子的解链温度及对变性剂的敏感性不同，DGGE 可将碱基对组成存在差异的双链 DNA 分子区分开，然后通过变性凝胶中条带数目和亮度直观表现样本中微生物的多样性和相对含量[22]。本研究使用 DGGE 对样本中细菌多样性以及高通量测序检测出的相对含量最高的乳酸杆菌属的多样性进行解析，结果如图 2-9 和表 2-6 所示。

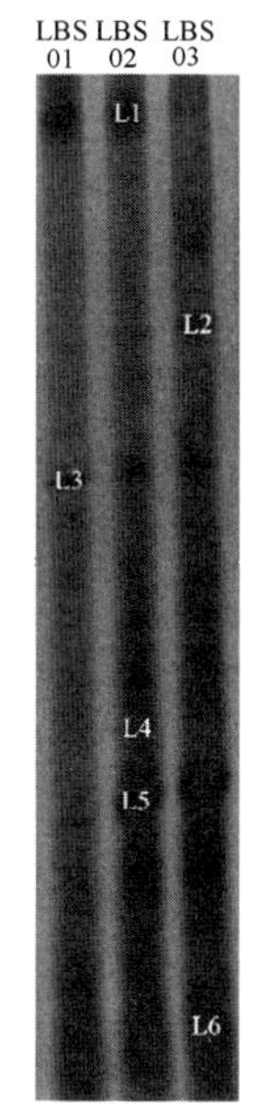

图 2-9 乳酸菌 DGGE 指纹图谱

由图 2-9 可知，乳酸菌 DGGE 图谱中共挑选出 6 个优势条带，其中条带 3 和条带 5 为样品共有条带。采用同样的模板量、扩增条件以及上样量，但各条带在各泳道中的亮度却不同，说明即使样本中都含有同一种菌，但其在各样本中的含量存在一定差异，这与高通量测序分析结果一致。将回收的条带扩增测序后在 GenBank 上比对，比对结果如表 2-6 所示。

表 2-6 DGGE 指纹图谱优势条带序列分析

条带编号	近源种	GenBank 登录号	相似度/%
L1	*Lactobacillus sakei* subsp. *sakei*	AP017929	99
L2	不可培养细菌	—	—
L3	*Lactobacillus senmaizukei*	NR114251	100
L4	*Lactobacillus insicii*	NR147740	100
L5	*Lactobacillus acetotolerans*	LC071813	99
L6	*Lactobacillus kefiri*	LC145557	99

由表 2-6 可知，条带 L1、L3、L4、L5 和 L6 分别被鉴定为 *L. sakei*

subsp. *sakei*、*L. senmaizukei*、*L. insicii*、*L. acetotolerans* 和 *L. kefiri*，而条带 L2 无法鉴定到具体的种属。

3. 乳酸菌分离纯化及鉴定

采用传统微生物学手段从 3 个酸萝卜样品中共分离出 17 株疑似乳酸菌，其中 3 株革兰氏染色阴性或过氧化氢酶试验结果为阳性，故只保留了 14 株。将这 14 株乳酸菌序列与数据库里的标准菌株进行比对，相似度均为 99%。对各分离菌株间亲缘关系进行分析，结果如图 2-10 所示。

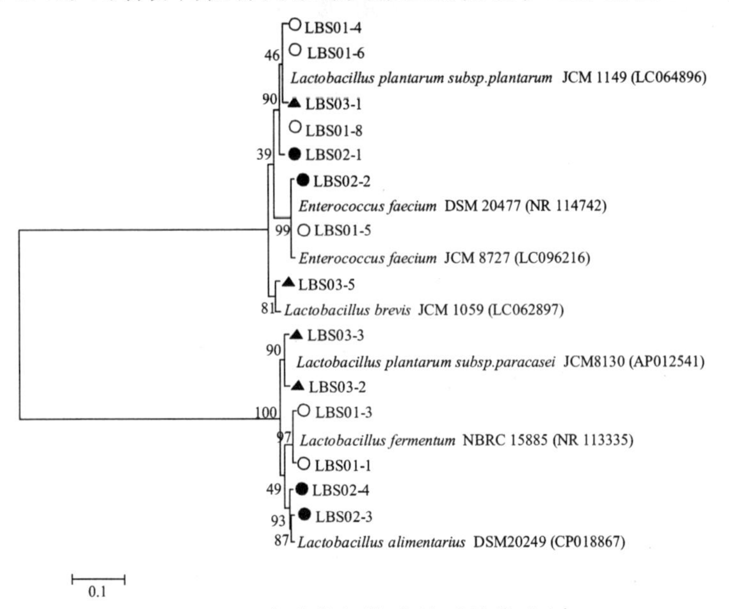

图 2-10　乳酸菌与模式株系统发育树

由图 2-10 可知，从 LBS01、LBS02 和 LBS03 中分离出的乳酸菌菌株数量分别为 6 株、4 株和 4 株，这些菌株主要隶属于 *Lactobacillus* 和 *Enterococcus*。其中 LBS01-6、LBS01-8、LBS02-1、LBS01-4 和 LBS03-1 为 *L.plantarum* subsp. *plantarum*（植物乳杆菌植物亚种），LBS01-5 和 LBS02-2 为 *E. faecium*，LBS03-5 为 *L. brevis*（短乳杆菌），LBS03-2 和 LBS03-3 为 *L. paracasei* subsp. *paracasei*（副干酪乳杆菌副干酪亚种），LBS01-1 和 LBS01-3 为 *L. fermentum*（发酵乳杆菌），LBS02-3 和 LBS02-4 为 *L.alimentarius*（食品乳杆菌）。

2.2.3 结 论

采用 Miseq 高通量测序技术对恩施地区酸萝卜中细菌多样性进行了解析，结果发现 *Lactobacillus* 的平均相对含量为 55.76%，通过 DGGE 技术和传统微生物学方法各发现了 5 个隶属于乳酸杆菌属的种。由此可见，*Lactobacillus* 是恩施酸萝卜中的优势细菌且多样性较高。

参考文献

[1] ZHAO N，ZHANG C，YANG Q，et al. Multiple roles of lactic acid bacteria microflora in the formation of marker flavour compounds in traditional chinese paocai[J]. RSC Advances，2016，6（92）：89671-89678.

[2] ZHAO N，CAI J，ZHANG C，et al. Suitability of various DNA extraction methods for a traditional Chinese paocai system[J]. Bioengineered，2017，8（5）：642-650.

[3] 罗菊英，闫永才，李灿,等. 恩施自治州气候资源分析及旅游适宜性区划[J]. 长江流域资源与环境，2013，22（1）：39-45.

[4] 裴乐乐，罗青春，孟霞，等. 不同原料四川发酵泡菜的细菌多样性分析[J]. 中国调味品，2016，41（2）：39-43.

[6] 朱琳，高凤，曾椿淋，等. 萝卜泡菜细菌多样性的高通量测序分析[J]. 现代食品科技，2018，34（2）：225-231.

[6] XIONG T, GUAN Q, SONG S, et al. Dynamic changes of lactic acid bacteria flora during Chinese sauerkraut fermentation[J]. Food Control，2012，26（1）：178-181.

[7] XIONG T, SONG S, HUANG X, et al. Screening and identification of functional Lactobacillus specific for vegetable fermentation[J]. Journal of Food Science，2013，78（1）：84-89.

[8] 沈馨，尚雪娇，董蕴，等. 基于 MiSeq 高通量测序技术对 3 个孝感风窝酒曲细菌多样性的评价[J]. 中国微生态学杂志，2018，30（5）：525-544.

[9] TOM V，VICKY D P，EVIE D B，et al. Molecular monitoring of the fecal microbical of healthy human subjects during administration of lactulose and saccharomyces boulardii [J]. Environ Microbiol，2006，72（9）：5990-5997.

[10] ANDREONI V，BENEDETTI A，CANZI E，et al. Selenium-enriched biomass，method for preparing thereof and probiotic and nutraceutical products including said biomass:U.S. Patent 7,666,638[P]. 2010-2-23.

[11] OKA K，ASARI M，OMURA T，et al. Genotyping of 38 insertion/deletion polymorphisms for human identification using universal fluorescent PCR[J]. Molecular and Cellular Probes，2014，28（1）：13-18.

[12] 蔡宏宇，王艳，沈馨，等. 常规食用调味面制品对青年志愿者肠道菌群多样性影响[J]. 食品工业科技，2017，38（21）：289-294.

[13] 葛英亮，时文歆. 应用 Illumina Miseq 测序分析饮用水源水中病毒多样性[J]. 食品科学，2018，39（2）：287-292.

[14] CAPORASO J G，KUCZYNSKI J，STOMBAUGH J，et al. QIIME allows analysis of high-throughput community sequencing data[J]. Nature Methods，2010，7（4）：335-336.

[15] EDGAR R C. Uparse:Highly accurate OTU sequences from microbial amplicon reads [J]. Nature Methods，2013，10（10）：996-998.

[16] DESANTIS T Z，HUGENHOLTZ P，LARSEN N，et al. Greengenes，a chimera-checked 16s rRNA gene database and workbench compatible with ARB[J]. Applied and Environmental Microbiology，2006，72（7）：5069-5072.

[17] COLE J R，CHAI B，FARRIS R J，et al. The ribosomal database project（RDP-II）：introducing myRDP space and quality controlled public data[J]. Nucleic Acids Research，2007，35（1）：169-172.

[18] 夏围围，贾仲君. 高通量测序和 DGGE 分析土壤微生物群落

的技术评价[J]. 微生物学报，2014，54（12）：1489-1499.

[19] 刘石泉，胡治远，赵运林. 变性梯度凝胶电泳法初步解析茯砖茶渥堆发酵过程中细菌群落结构[J]. 食品科学，2014，35（15）：172-177.

[20] BURGMANN H, PESARO M, WIDMER F, et al. A strategy for optimizing quality and quantity of DNA extracted from soil[J]. Journal of Microbiological Methods，2001，45（1）：7-20.

[21] 曹佳璐. 传统四川泡菜盐水乳酸菌多样性的研究[D]. 北京：中国农业大学，2017:39-41.

[22] 刘鹏飞，赵丹，宋刚，等. 变性梯度凝胶电泳技术在微生物多样性研究中的应用[J]. 微生物学杂志，2013，33（6）：88-92.

（文章发表于《中国食品添加剂》，2019 年 26 卷 1 期。）

2.3 恩施市酸菜水细菌多样性解析

酸菜，是一种流行于东北、四川、贵州和云南等地区的传统发酵食品[1]，通常以白菜或青菜为主要原料，经微生物自然发酵而成。由于制作环境相对开放，因而酸菜中微生物种类较为丰富[2]，且研究表明不同地区酸菜中乳酸菌的群系存在较大差异。东北地区自然发酵酸菜中的乳酸菌主要为植物乳杆菌（*Lactobacillus plantarum*）、短乳杆菌（*Lactobacillus brevis*）、罗伊氏乳杆菌（*Lactobacillus reuter*）和米酒乳杆菌（*Lactobacillus sakei*）[3]，而云南地区自然发酵酸菜中的乳酸菌主要为植物乳杆菌（*Lactobacilllus plantarum*），短乳杆菌（*Lactobacillus brevis*）和肠膜明串珠菌（*Leuconostoc mesenteroides*）[4]，亦有报道指出四川泡菜中的优势菌群为植物乳杆菌（*Lactobacillus plantarum*）、肠膜明串珠菌（*Leuconostoc mesenteroides*）、短乳杆菌（*Lactobacillus brevis*）和耐乙醇片球菌（*Pediococcus ethanoliduran*）[5]。作为秦巴山区生物多样性保育重要生态功能区，恩施土家族苗族自治州亦有制作和食用酸菜的习俗，然而目前关于该地区酸菜中微生物多样性的研究报道尚少。

分子生物学技术被广泛应用于微生物群落结构多样性的研究，其中

Illumina Miseq 第二代高通量测序技术是直接将样品的宏基因组扩增后进行测序，从而获得不同环境下对应微生物的群落结构，不仅可以检测到低丰度的微生物而且结果准确可靠[6]。聚合酶链式反应（Polymerase Chain Reaction，PCR）结合变性梯度凝胶电泳（Denaturing Gradient Gel Electrophoresis，DGGE）是一种能快速、准确和高效鉴定自然环境或人工环境中微生物的种类，进而反映微生物群落结构组成的分析技术[7]。Illumina Miseq 技术和 PCR-DGGE 技术均可以克服传统纯培养微生物学手段耗时长和工作量大等缺点，二者被广泛应用于肠道微生物[8,9]、环境微生物[10,11]和食品微生物[12,13]等领域。

本研究以恩施土家族苗族自治州酸菜水为研究对象，采用 Miseq 高通量测序技术结合 PCR-DGGE 技术对细菌和乳酸菌多样性进行了解析，并利用传统微生物学手段对酸菜水中的乳酸菌进行了分离鉴定。通过本研究的开展，以期为恩施地区传统发酵蔬菜的产业化提供数据支撑，同时为后续发酵食品中乳酸菌的开发提供菌株支持。

2.3.1 材料与方法

1. 材料与试剂

样品：采购于恩施市土桥坝菜市场。

试剂：三羟甲基氨基甲烷、乙酸、乙二胺四乙酸、聚丙烯酰胺、N,N-亚甲基二丙烯酰胺、葡萄糖、蛋白胨、牛肉膏、乙酸钠、酵母粉、柠檬酸二铵、磷酸氢二钾、七水合硫酸镁、一水合硫酸锰和吐温 80 均为分析纯：国药集团化学试剂有限公司；D5625-01 DNA 提取试剂盒：美国 OMEGA 公司；DNA marker（FERMENTAS）和 PCR 清洁试剂盒（AXYGEN）：京科博汇智生物科技发展有限公司；2PCR × mix：南京诺唯赞生物科技有限公司；rTaq、dNTP mix、pMD18-T vector：大连宝生物技术有限公司（TaKaRa）；PCR 引物合成和测序由武汉天一辉远生物科技有限公司完成。

2. 仪器与设备

MiseqPE300 高通量测序平台：美国 Illumina 公司；R920 机架式

服务器：美国 DELL 公司；CT15RE 冷冻离心机：日本 HITACHI 公司；Veriti96-wellthermalcyclerPCR 仪：美国 AB 公司；NanoDrop2000 超微量分光光度计：美国 ThermoFisher 公司；DCode^{TM}System：美国 BioRed 公司；DYY-12 电泳仪：北京六一仪器厂；FluorChemFC3：美国 FluorChem 公司；Bio-5000plus 扫描仪：上海中晶科技有限公司；DG250 厌氧工作站：英国 DWS 公司。

3. 方　法

（1）样品总 DNA 提取与检测

采用 OMEGA D5625-01 试剂盒提取 3 个酸菜水样品中的总 DNA，提取成功后用 0.8%琼脂糖凝胶进行电泳检测并测定其 DNA 的浓度。

（2）样品细菌 16s rRNA PCR 扩增及 Miseq 高通量测序

扩增体系为：4 μL 5 × PCR 缓冲液，2 μL 2.5 mmol/L dNTP Mix，0.8 μL 5 μmol/L 正向引物，0.8 μL 5 μmol/L 反向引物，0.4 μL 5 U/μL Taq 酶，10 ng DNA 模板，ddH2O 补充至 20 μL。其中引物为 338F/806R。

扩增条件为：95 °C 预变性 3 min；95 °C 变性 30 s，55 °C 退火 30 s，72 °C 延伸 45 s，循环 30 次；72 °C 延伸 10 min。PCR 扩增产物用 1.0%琼脂糖凝胶电泳检测合格后将浓度稀释至 100 nmol/L，寄至上海美吉生物医药科技有限公司进行 Miseq 高通量测序。

（3）序列拼接及质量控制

下机序列参照王玉荣[14]和蔡宏宇[15]方法进行质控，同时使用 QIIME（v1.7.0）分析平台进行生物信息学分析。使用 PyNAST 软件将所有的序列对齐后，采用两步 UCLUST 算法分别以 100%和 97%的相似度进行序列划分并建立分类操作单元（Operational Taxonomic Units，OTU），从每个 OTU 中选取 1 条代表性序列，使用 RDP（Ribosomal Database Project）和 Greengenes 数据库对序列进行同源性比对，通过对数据的整理确定样品种属分类学地位，进而对酸菜水中的 Chao1 指数和 Shannona 指数等指标进行计算。将在 3 个样品中均存在的 OTU 定义为核心 OTU。

（4）基于 PCR-DGGE 技术酸菜水中乳酸杆菌多样性解析

将（1）中 DNA 浓度调整一致后作为模板进行 PCR 扩增。乳杆菌

16s rDNA 基因片段 PCR 扩增所用的引物为：正向引物为 LacF-GC（5’-CGC CCG GGG CGC GCC CCG GGC GGC CCG GGG GCA CCG GGG GCT CCT ACG GGA GGC AGC AGT-3’），反向引物为 LacR（5’-GTA TTA CCG CGG CTG CTG GCA C-3’）。PCR 扩增体系为 2.5 μL 10×PCR Buffer（含 Mg^{2+}），2 μL dNTP（2.5 mol/L），0.5 μL 正向引物（10 mmol/L），0.5 μL 负向引物（10 mmol/L），0.5 μL rTaq（5 U/μL），1 μL DNA 模板，ddH_2O 补充至 25 μL。PCR 反应条件为 95 °C 4 min 预变性，95 °C 30 s，55 °C 30 s，72 °C 30 s，30 个循环，最后 72 °C 延伸 10 min。PCR 扩增结束后，扩增产物用 2%的琼脂。

使用变性剂线性梯度为 35%~52%，浓度为 8%的聚丙烯酰胺（40%丙烯酰胺/N，N-亚甲基二丙烯酰胺）对样品 DNA 的 PCR 产物进行变性梯度凝胶电泳。DGGE 条件：点样量为 10 μL，电泳液为 0.5 TAE，电泳温度为 60 °C，电压与时间为 120 V，80 min，后 80 V，13h。电泳结束后，对 DGGE 胶进行硝酸银染色[16]，使用扫描仪对凝胶电泳图进行观察拍照，并对优势条带进行切胶并回收。回收的条带用不含 GC 夹子的 LacF 和 LacR 引物进行扩增，扩增体系及条件与上述方法相同。将 PCR 扩增产物进行清洁纯化，并与 PMD18-T 载体连接后转化到大肠杆菌 TOP10 中，经单克隆鉴定为阳性后送往武汉天一辉远生物科技有限公司进行测序。

将测序结果除去两端载体的序列，然后使用 BioEdit 软件将序列进行拼接。拼接结果在 NCBI BLAST（https://blast.ncbi.nlm.nih.gov/Blast.cgi）中比对查询，找出相似度高的相似序列用 MEGA 5.0 软件制作系统发育树。

（5）酸菜水中乳酸菌的分离与鉴定

将酸菜水样品进行倍比稀释（稀释度为 10^{-5}、10^{-6} 和 10^{-7}），涂布于含有 1.5% $CaCO_3$ 的 MRS 固体培养基上，置于厌氧工作站 37 °C 培养 48 h。挑取有透明圈的菌落进行划线纯化，并进行革兰氏染色试验及菌株的保藏。CTAB[17]法提取各纯化菌株 DNA，使用通用引物 27F（5’- AGA GTT TGA TCC TGG CTC AG-3’）和 1495R（5’- CTA CGG CTA CCT TGT TAC GA-3’）进行 16s rRNA 扩增。

PCR 扩增体系为：2.5 μL 10× PCR Buffer（含 Mg^{2+}），2 μL dNTP（2.5 mol/L），0.5 μL 27f（10 mmol/L），0.5 μL 1495r（10 mmol/L），0.5 μL rTaq（5 U/μl），0.5 μL DNA 模板，ddH20 补充至 25 μL。

PCR 扩增条件：95 °C 4 min 预变性，95 °C 变性 1 min，55 °C 1 min，72 °C 90 s，30 个循环，72 °C 延伸 10 min。PCR 扩增结束后，取扩增产物 2.5μL 用 1%的琼脂糖凝胶电泳检测。检测合格后，将 PCR 扩增产物进行清洁纯化，并与 PMD18-T 载体连接转化到大肠杆菌 TOP10 中，经单克隆鉴定为阳性后送往武汉天一辉远生物科技有限公司进行测序。

4. 数据处理

通过 Origin 8.5 软件进行各项数据的统计并作图，热图由 Matlab 2010b 绘制，系统发育树由 BioEdit 软件和 MEGA 5.0 软件共同绘制。

2.3.2 结果与分析

1. 序列丰富度和多样性分析

本研究首先将 3 个恩施地区酸菜水进行 16s rRNA 测序，其结果及各分类地位数量如表 2-7 所示。

表 2-7 样品 16s rRNA 测序情况及各分类地位数量

样品编号	OUT/个	序列数/条	门/个	纲/个	目/个	科/个	属/个	Chao 1 指数	Shannon 指数
SCS01	1 721	39 377	6	14	26	35	49	842	5.69
SCS02	1 626	39 258	4	6	13	18	33	1 013	5.10
SCS03	2 024	38 641	5	7	9	11	13	821	6.20

注：计算每个样品 Chao1 和 Shannon 指数时，样品的测序量均为 30 510 条序列。

本研究采集的 3 个酸菜水样品共产生了 117 276 条 16s rRNA 序列。根据 100%的相似性进行序列划分共得到 60 342 条代表性序列，根据序列的 97%相似性进行 OTU 划分后，共得到 4 473 个 OTU，每个样品平均 1 419 个。由表 2-7 可知，SCS02 样品具有最大的细菌物种丰度，其 Chao 1 指数为 1 013，而 SCS03 样品细菌多样性最高，其 Shannon 指数为 6.20。

2. 基于不同分类地位酸菜水样品核心细菌菌群相对含量分析

纳入本研究的序列被鉴定为 7 个门、15 个纲、29 个目、38 个科和

58 个属，其中只有 0.37%的序列不能鉴定到属水平。本研究的 3 个酸菜水样品中平均相对含量 > 1%的细菌门分别为硬壁菌门（Firmicutes）和变形菌门（Proteobacteria），其相对含量分别为 97.78%和 1.96%。值得一提的是，3 个样品中隶属于硬壁菌门（Firmicutes）的细菌相对含量分别为 98.10%、95.28%和 99.95%。基于属水平 3 个酸菜水样品中优势细菌的相对含量如图 2-11 所示。

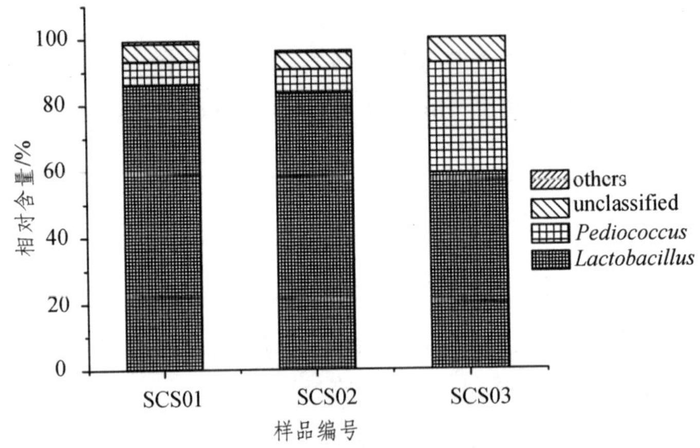

图 2-11　酸菜水中优势细菌属相对含量的比较分析

由图 2-11 可知，优势细菌属分别为隶属于硬壁菌门（Firmicutes）的乳酸杆菌属（*Lactobacillus*）和片球菌属（*Pediococcus*），其平均相对含量分别为 76.25%和 15.80%。通过采用 454 焦磷酸测序技术，李欣蔚对 16 份东北传统自然发酵酸菜汁样品中细菌多样性进行了解析，研究发现厚壁菌门（Firmicutes）和变形菌门（Proteobacteria）为其优势细菌门，而乳杆菌属（*Lactobacillus*）、假单胞菌（*Pseudomonas*）和明串珠菌属（*Leuconostoc*）为其优势菌属[18]。利用构建 16s rRNA 基因文库的方法，曹碧璇对辽宁地区农家自然发酵酸菜液中的微生物多样性进行了研究，结果发现乳酸杆菌属（*Lactobacillus*）、片球菌属（*Pediococcus*）和枸橼酸杆菌属（*Citrobacter*）是酸菜发酵液中的优势菌[19]。利用 Illumina 高通量测序技术，佟婷婷对四川农家泡菜中的细菌多样性进行了研究，结果发现四川地区泡菜中的优势菌是乳杆菌属（*Lactobacillus*），且含量达到 80% ~ 85%[20]。利用 PCR-DGGE 技术，乌日娜对东北地区发酵酸菜中的微生物多样性进行解析时发现乳酸杆菌属（*Lactobacillus*）为其中的优势细菌属[21]。由此可见，虽然不同地区制作酸菜的工艺和原料不同，但是乳酸杆菌均为其优势细菌属。

本研究进一步统计了OTU在3个样品中出现的次数，结果发现出现1次和2次的OTU分别为3 759和530个，分别占OTU总数的84.04%和11.85%，所包含序列数为8 946和25 678条。同时核心OTU为184个，占OTU总数的4.11%，所包含序列数82 437条，经分析发现在184个核心OTU之中有11个OTU的相对含量大于1%。本研究进一步对11个核心OTU在3个酸菜水样品中的相对含量进行了分析，结果如图2-12所示。

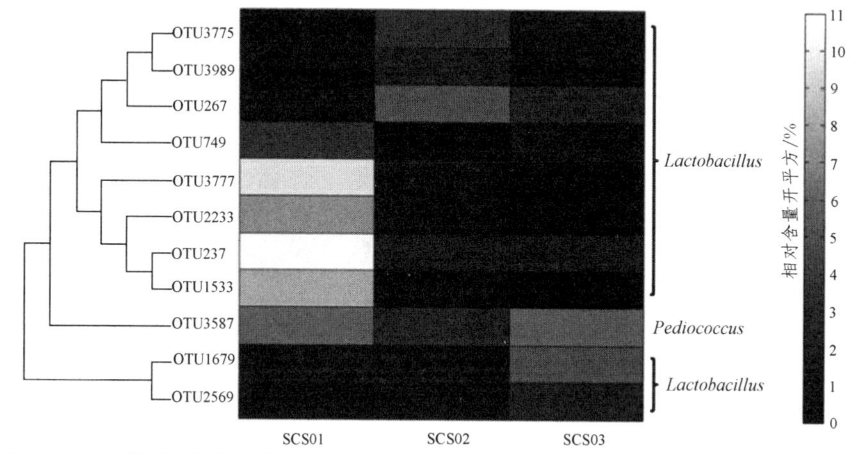

图2-12 平均相对含量大于1.0%的核心OTU在酸菜水样品中相对含量的热图

由图2-12可知，在11个核心OTU中，10个隶属于乳酸杆菌属（*Lactobacillus*），只有OTU3578隶属于片球菌属（*Pediococcus*），11个核心OTU的累计相对含量达47.68%。部分OTU在3个样品中的相对含量差异较大，其中OTU3578在SCS01和SCS02中相对含量分别为5.24%和5.69%，而在SCS03中的相对含量为27.17%；OTU1679在SCS01和SCS02中相对含量分别为0.77%和0.17%，而在SCS03中的相对含量为19.27%。

3. 酸菜水中乳杆菌DGGE图谱及系统发育分析

在对酸菜水样品进行Miseq高通量测序后，本研究进一步使用PCR-DGGE技术对3个样品乳酸杆菌属多样性进行了分析。由于不同样品乳酸杆菌的群落结构不同，在变性梯度凝胶电泳后会分离出数目不等的条带。分离出的条带数目越多，说明样品微生物多样性越丰富，同时各条带的亮度在一定程度亦能说明微生物的丰度存在差异[22]。酸菜水中乳酸杆菌 PCR-DGGE 电泳图如图 2-13 所示。

由图 2-13 可知，指纹图谱中共有 8 条条带较为明亮，其中条带 3 和 4 在所有样品中均存在，但亮度不一致；条带 6 和 8 存在于 SCS01 和 SCS02 中，亮度亦不一致；条带 1 仅存在于 SCS02 样品中，条带 2 仅存于在 SCS01 样品中，条带 5 和 7 仅存在于 SCS03 样品中。由此可见，不同酸菜样品间乳酸杆菌的多样性亦存在一定的差异。本研究进一步对各条带进行了序列分析，结果如表 2-8 所示。

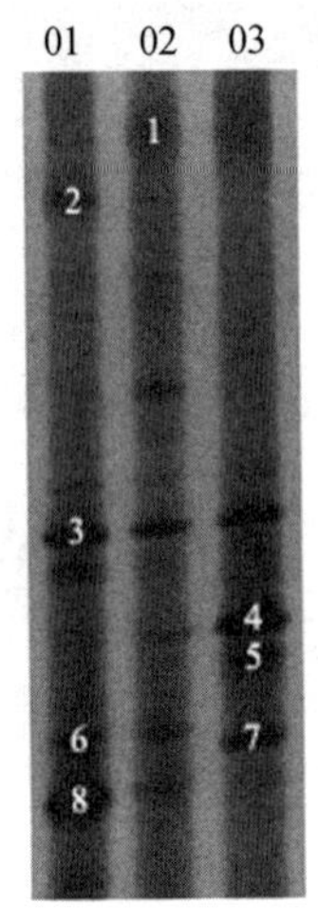

图 2-13 酸菜水中乳酸杆菌 PCR-DGGE 电泳图

注：01、02 和 03 分别为 SCS01、SCS02 和 SCS03。

表 2-8 酸菜水中乳杆菌 DGGE 条带比对结果

条带编号	NCBI BLAST 比对结果	相似度/%	登录号
1	*Lactobacillus panis*	99	LC145560.1
2	*Lactobacillus plantarum*	100	LC258153.1
3	*Lactobacillus plantarum*	100	LC258153.1
4	*Lactobacillus fermentum*	100	LC065036.1
5	*Lactobacillus fermentum*	100	LC065036.1
6	*Lactobacillus brevis*	100	NR044704.2
7	*Lactobacillus rennini*	99	LC258150.1
8	*Lactobacillus plantarum*	100	LC258153.1

由表2-8可知，8个特异性条带均属于乳酸杆菌属，且各条带序列与现有数据库中已知16s rDNA序列都具有较高的相似度。其中条带2、3和8为植物乳杆菌（*Lactobacillus plantarum*），条带4和5为发酵乳杆菌（*Lactobacillus fermentum*），条带1为面包乳杆菌（*Lactobacillus panis*），条带6为短乳杆菌（*Lactobacillus brevis*），条带7为*Lactobacillus rennini*（暂无中文翻译）。本研究进一步将鉴定结果与数据库中的模式菌进行了系统发育树的构建，结果如图2-14所示。

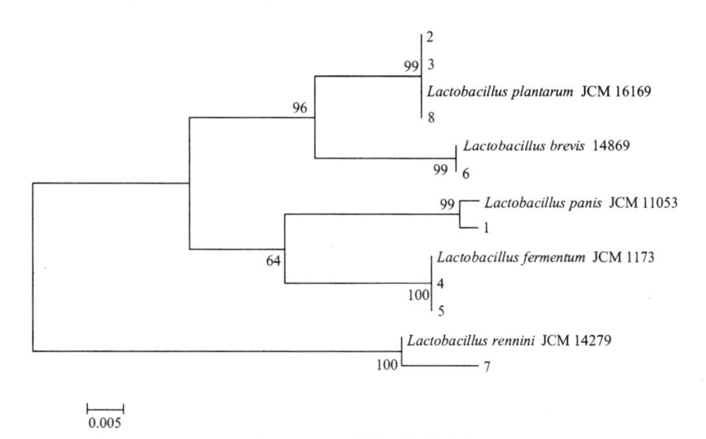

图2-14 系统发育树

由图2-14可知，系统发育树分为两大支，条带1、2、3、4、5、6和8均在同一分支上，这表明上述菌株的亲缘关系较近，而条带7在另一分支上，这可能是由于该菌株的进化关系较之其他菌株较远导致的。武瑞俊利用PCR-DGGE技术对东北自然发酵酸菜中乳酸菌的多样性进行了分析，在5份酸菜中共鉴定出9株乳酸菌，其中优势乳酸菌是植物乳杆菌（*Lactobacillus plantarum*）和短乳杆菌（*Lactobacillus brevis*）[23]。而周金明利用PCR-DGGE技术对不同发酵时期酸菜发酵液微生物菌群进行了研究，结果发现植物乳杆菌（*Lactobacillus plantarum*）和清酒乳杆菌（*Lactobacillus sakei*）是酸菜发酵过程中的优势菌[24]，其研究的结果与本研究相同。

4. 酸菜水中乳酸菌分离鉴定结果

本研究进一步使用含有1.5% $CaCO_3$的MRS培养基对3个酸菜水样

品进行了乳酸菌的分离鉴定，测序比对结果如表 2-9 所示。

表 2-9 酸菜水中 16s rDNA 基因序列比对结果

菌株编号	NCBI BLAST 比对结果	相似度/%	登录号
SCS01-2	*Lactobacillus plantarum*	99	LC064896.1
SCS01-3	*Lactobacillus plantarum*	99	LC064896.1
SCS01-4	*Lactobacillus brevis*	99	LC062897.1
SCS01-5	*Lactobacillus brevis*	99	LC062897.1
SCS02-1	*Lactobacillus plantarum*	99	NR113338.1
SCS02-2	*Lactobacillus fermentum*	99	NR113335.1
SCS02-3	*Lactobacillus plantarum*	99	LC064896.1
SCS03-1	*Lactobacillus fermentum*	99	NR113335.1
SCS03-2	*Lactobacillus plantarum*	99	LC064896.1
SCS03-3	*Lactobacillus plantarum*	99	LC064896.1
SCS03-4	*Lactobacillus coryniformis*	99	CP017713.1
SCS03-5	*Lactobacillus plantarum*	99	LC064896.1
SCS03-6	*Lactobacillus plantarum*	99	LC064896.1

由表 2-9 可知，从 3 个样品中共分离出 8 株植物乳杆菌（*Lactobacillus plantarum*）、2 株短乳杆菌（*Lactobacillus brevis*），2 株发酵乳杆菌（*Lactobacillus fermentum*）和 1 株棒状乳杆菌（*Lactobacillus coryniformis*），这进一步证实恩施地区酸菜水中的乳酸菌具有较高的多样性。

2.3.3 结 论

本研究采用 Miseq 高通量测序技术与 PCR-DGGE 技术相结合的方法对恩施地区酸菜水中的微生物多样性进行了解析，同时利用传统微生物纯培养方法分离乳酸菌。结果发现，酸菜水样品中的细菌微生物主要是隶属于硬壁菌门的乳杆菌属和片球菌属，其中乳酸杆菌属是优势属，经 PCR-DGGE 和纯培养的方式进一步发现酸菜水中的优势乳酸菌为植物乳杆菌。通过本研究可知传统发酵酸菜中蕴含着丰富的微生物资源，其中以乳酸菌最为丰富，而乳酸菌作为一种益生菌被广泛应用于各类食品加工中，这为传统发酵食品的产业化生产提供有利条件。

参考文献

[1] 张玉龙，胡萍，湛剑龙，等. 发酵酸菜的研究及其进展[J]. 食品安全质量检测学报，2014，5（12）：3998-4003.

[2] 荆雪娇，李艳琴，燕平梅，等. 传统发酵蔬菜微生物群落结构分析[J]. 食品与发酵科技，2016，52（1）：28-32.

[3] 张鲁冀，孟祥晨. 自然发酵东北酸菜中乳杆菌的分离与鉴定[J]. 东北农业大学学报，2010，41（11）：125-131.

[4] 奎梦漪，薛桥丽，康娇，等. 云南自然发酵酸菜液中乳酸菌的分离鉴定及其发酵性能研究[J]. 安徽农业科学，2017，45（8）：107-109.

[5] 陈功，张其圣，余文华，等. 四川泡菜乳酸菌多样性及其功能特性[J]. 食品与发酵工业，2013，39（3）：1-4.

[6] YANG Y D，REN Y F，WANG X Q，et al. Ammonia-oxidizing archaea and bacteria responding differently to fertilizer type and irrigation frequency as revealed by Illumina Miseq sequencing[J]. Journal of Soils and Sediments，2018，18（3）：1029-1040.

[7] 李沛军，孔保华，郑冬梅，等. PCR-DGGE 技术在肉品微生物生态学中的应用[J]. 食品科学，2012，33（19）：338-343.

[8] 秦倩倩，苗俊杰，王舒悦，等. 基于 PCR-DGGE 技术分析中老年人肠道菌群结构与免疫功能的关系[J]. 卫生研究，2017，46（1）：40-45.

[9] VLČKOVÁ K，KREISINGER J，PAFČO B，et al. Diversity of *Entamoeba* spp. in African great apes and humans：an insight from Illumina MiSeq high-throughput sequencing[J]. International Journal for Parasitology，2018，48（7）：519-530.

[10] ORLEWSKA K，POTROWSKA-SEGET Z，CYCOŃ M. Use of the PCR-DGGE method for the analysis of the bacterial

community structure in soil treated with the cephalosporin antibiotic cefuroxime and/or inoculated with a multidrug-resistant Pseudomonas putida strain MC1[J]. Frontiers in Microbiology，2018，9：1387.

[11] HESHAM A E L, GUPTA V K, SINGH B P. Use of PCR-denaturing gradient gel electrophoresis for the discrimination of Candida species isolated from natural habitats[J]. Microbial Pathogenesis，2018.

[12] LIANG H, YIN L, ZHANG Y, et al. Dynamics and diversity of a microbial community during the fermentation of industrialized Qingcai paocai，a traditional Chinese fermented vegetable food，as assessed by Illumina MiSeq sequencing，DGGE and qPCR assay[J]. Annals of Microbiology，2018，68（2）：111-122.

[13] QIU Z, LI N, LU X, et al. Characterization of microbial community structure and metabolic potential using Illumina MiSeq platform during the black garlic processing[J]. Food Research International，2018，106（4）：428-438.

[14] 王玉荣，孙永坤，代凯文，等. 基于单分子实时测序技术的3个当阳广椒样品细菌多样性研究[J]. 食品工业科技，2018，39（2）：108-112.

[15] 蔡宏宇，王艳，沈馨，等. 常规食用调味面制品对青年志愿者肠道菌群多样性影响[J].食品工业科技，2017，38（21）：289-294.

[16] 邢振存. 蒙古马和纯血马肠道真菌多样性初步研究及分析[D]. 呼和浩特：内蒙古农业大学，2016.

[17] SOARES S，AMARAL J S，OLIVEIRA M B P P，et al. Improving DNA isolation from honey for the botanical origin identification[J]. Food Control，2015，48（2）：130-136.

[18] 李欣蔚，丛敏，武俊瑞，等. 基于16s rRNA基因V_3-V_4区高通量测序分析东北自然发酵酸菜中细菌群落结构[J]. 现代食品科技，2017，33（2）：69-75.

[19] 曹碧璇，胡滨，刘爱平. 利用16s rRNA基因克隆文库分析东

北自然发酵酸菜中细菌多样性[J]. 食品与发酵工业，2015，41（11）：76-80.
[20] 佟婷婷，田丰伟，王刚，等. 基于宏基因组分析四川泡菜母水作引子的泡菜发酵过程中细菌多样性变化[J]. 食品工业科技，2015，36（21）：173-177.
[21] 董晓婉，李宝坤，卢士玲，等. 传统分离培养结合 PCR-DGGE 技术分析传统乳制品中的乳酸菌[J]. 食品与发酵工业，2014，40（3）：97-101.
[22] 武俊瑞，岳喜庆，石璞，等.PCR-DGGE 分析东北自然发酵酸菜中乳酸菌多样性[J]. 食品与生物技术学报，2014，33（2）：127-130.
[23] 周金明，侯洁，胡洋洋，等. PCR-DGGE 分析酸菜发酵液中菌群的动态变化[J]. 中国微生态学杂志，2015，27（10）：1124-1126.
[24] 乌日娜，于美玲，孟令帅，等. PCR-DGGE 分析东北自然发酵酸菜中的微生物多样性[J].现代食品科技，2014，30（10）：8-12.

（文章发表于《中国调味品》，2019 年 44 卷 1 期。）

2.4 恩施鲊广椒中乳酸菌的分离鉴定及其对鲊广椒挥发性物质影响

鲊广椒，也称之为炸尖椒、鲊金椒、酸面、面果子，是湖北宜昌、恩施地区汉族、土家族的特色发酵食品。鲊广椒是以鲜红辣椒酱和苞谷面（玉米面）为主要原料加工而成的，具有营养全面，开胃爽口，压火消气的特点，适合人们养生所用。乳酸菌（Lactic acid bacteria，LAB）是一种习惯上的称呼，是一类发酵糖类主要产物为乳酸且无芽孢、革兰氏染色阳性细菌的总称。目前，对于发酵食品中乳酸菌的研究大多还是基于传统纯培养的方法。李院[1]等采用双平板法对酱菜中具有抑制青霉素活性的乳酸菌进行筛选，从酱菜中筛选出 14 株乳酸菌；杨小丽[2]等采用传统可培养方法对孝感米酒中乳酸菌进行分离，从米酒中分离出 9 株乳酸菌；孟令帅[3]等利用梯度稀释涂布平板法从辣白菜中分离出 81 株乳酸菌疑似菌株。

电子鼻又称气味扫描仪，它以特定的传感器和模式识别系统快速提供被测样品的整体信息，指示样品的隐含特征[4]。叶蔺霜等[5]利用电子鼻技术研究花生品质，获得样品的气味指纹数据，可以作为花生样品品质鉴定的参考数据。庞林江等[6]研究开发电子鼻无损检测技术在不同陈化小麦鉴定上的应用潜力，并运用相关的评价模型来研究小麦的陈化特性和理化品质特征。电子鼻技术是新兴的无损检测方法之一，随着科学技术的不断进步，电子鼻技术的研究越来越趋于完善，它已广泛应用于工业生产的各个部门。

目前关于鲊广椒中乳酸菌及其对鲊广椒挥发性物质的影响研究还很少，本研究对恩施鲊广椒中的乳酸菌进行分离纯化，然后利用纯化的乳酸菌进行鲊广椒的制作，并利用电子鼻技术研究不同乳酸菌对鲊广椒中挥发性物质的影响，为鲊广椒的研究提供基础的依据，筛选出适合鲊广椒发酵的乳酸菌，为鲊广椒的工业化生产奠定基础。

2.4.1 材料与方法

1. 材料与试剂

玉米粉、红辣椒、盐、花椒、白胡椒和白酒市售。

MRS 培养基：蛋白酶、牛肉膏、酵母膏、葡萄糖、乙酸钠、柠檬酸氢二胺、磷酸氢二钾、$MgSO_4 7H_2O$、$MnSO_4 H_2O$、吐温-80 和琼脂粉：青岛海博生物技术有限公司。

Axygen PCR 清洁试剂盒：康宁生命科学吴江有限公司；DL15000 Marker、DL2000 Marker、PCR buffer、rTaq DNA 聚合酶、pMD18-T 克隆载体：宝生物工程（大连）有限公司；引物 M13F（-47）、M13R（-48）、27F 和 1492R 武汉天一辉远生物科技有限公司。

2. 仪器与设备

PGJ-10-AS 型纯水机：武汉品冠仪器设备有限公司；HR40-ⅡB2 型生物安全柜：中国青岛海尔；LHR-150 生化培养箱：上海一恒科学仪器

有限公司；QYC-2102C 全温培养摇床：上海新苗中国；PTC-100PCR 仪：美国 ABI 公司；FluorChemFC3 化学发光凝胶成像系统：美国 ProteinSimple 公司；SW-CJ-2D 双人单面净化工作台：苏州安泰；XFS-280 手提式压力蒸汽灭菌锅：浙江新丰；DG250 厌氧工作站：英国 DonWhitley 公司；BG/BD-202HT 卧式冷藏冷冻转换柜：中国青岛海尔；日立高速离心机：日本日立公司；Haier 医用低温保存箱：青岛海尔特种电器有限公司；PEN3 电子鼻（配备 W1C、W5S、W3C、W6S、W5C、W1S、W1W、W2S、W2W 和 W3S 等 10 个金属氧化传感器）：德国 Airsense 公司。

3. 方　法

（1）鲊广椒样品的采集与处理

本实验的鲊广椒样品采集自湖北恩施的农户家中，采集后的样品放入采样箱中低温保存，立即送回实验室进行后续操作。

（2）乳酸菌的分离与鉴定

① 乳酸菌的分离。

采用倍比稀释法[7]对乳酸菌进行分离，取 10^{-4}、10^{-5}、10^{-6} 三个梯度的稀释液涂布于 MRS 固体培养基（含 1.5%的 $CaCO_3$），厌氧工作站 30 °C 培养 48 h，培养结束后挑取菌落形态不同和透明圈明显的单菌落纯化 3 次，纯化后的菌株进行革兰氏染色[8]与过氧化氢酶实验，初步确认其为乳酸菌后保存于 − 80 °C 冰箱中。

② 乳酸菌的鉴定。

将初步认为乳酸菌的菌株从 − 80 °C 冰箱中取出活化，收集菌体采用 CTAB 法[9]提取 DNA，以此为模板进行细菌 16s rDNA 扩增。PCR 扩增反应体系[10]（25 μL）：DNA 模板 1 μL，rTaq 酶 0.5 μL，2.5 mmol/L dNTP 2 μL，5 μmol/L 27F 0.5 μL，5 μmol/L 1495R 0.5 μL，10 × PCR buffer2.5 μL，用 ddH_2O 将体系补充到 25 μL。扩增条件：94 °C 预变性 4 min，94 °C 变性 1 min，55 °C 退火 45 s，72 °C 延伸 1 min，30 个循环，72 °C 延伸 10 min，4 °C 结束。琼脂糖凝胶电泳检测 PCR 产物，对符合目的片段大小的 PCR 产物进行清洁并与 PMD18-T 载体进行连接，转化到大肠杆菌 TOP10 中利用引物 M13F（-47）和 M13R（-48）鉴定阳性克隆子，阳性克隆子送往武汉天一辉远生物科技有限公司测序。测序结果去除引物序列后在 NCBI 上进行同源比对（见表 2-10）。

表 2-10　引物名称与引物序列对应表

引物名称	引物序列
M13F（-47）	CGCCAGGGTTTTCCCAGTCACGAC
M13R（-48）	AGCGGATAACAATTTCACACAGGA
27F	5’-AGAGTTTGATCCTGGCTCAG-3’
1495R	5’-CTACGGCTACCTTGTTACGA-3’

（3）鲊广椒的制作

选取鲊广椒中的优势菌株 HBUAS51131、HBUAS51132、HBUAS51133、HBUAS51134、HBUAS51135、HBUAS51136、HBUAS51141、HBUAS51145、HBUAS51146 和 HBUAS51147 等 10 株植物乳杆菌进行鲊广椒的制作。菌株在 MRS 液体培养基中分别活化 3 次后，10 000 r/min 离心 5 min 收集菌体，去除上清后加入 45 mL 生理盐水重悬菌体待用。

取 750 g 粉碎的玉米，225 g 切碎的红辣椒（保留其汁液和水分），3.15 g 粉碎的花椒、胡椒，45 mL 待用菌液（对照组加入等量的生理盐水）。混合均匀，装入坛中，用水封口后 30 °C 培养箱中发酵 20 d。鲊广椒发酵完成后，取 300g 样品装入样品瓶中，－20 °C 保存备用。

（4）基于电子鼻技术恩施鲊广椒风味品质的评价

取 10 g 鲊广椒置于电子鼻样品瓶中，室温下平衡 30 min，采用电子鼻技术对挥发性物质进行检测。设置参数：进样吸气流量 200 mL/min，传感器清洁时间 90 s，调零时间 5 s，测定时间 60 s，每隔 1 s 测量 1 个响应值。电子鼻有 10 个金属氧化传感器，每个传感器与其对应的敏感物质如表 2-11 所示[11]。

表 2-11　金属传感器及其对应的性能描述

阵列编号	金属传感器名称	性能描述
MOS1	W1C	对芳香类物质灵敏
MOS2	W1S	对甲烷灵敏
MOS3	W1W	对有机硫化物、萜类物质灵敏
MOS4	W2S	对乙醇灵敏
MOS5	W2W	对有机硫化物灵敏

续表

阵列编号	金属传感器名称	性能描述
MOS6	W3C	对氨气、芳香类物质灵敏
MOS7	W3S	对烷烃灵敏
MOS8	W5C	对烷烃、芳香类物质灵敏
MOS9	W5S	对氮氧化物灵敏
MOS10	W6S	对氢气有选择性

（5）统计学分析

通过 DNAMAN 对测序结果进行统计处理，利用 MEGA5 软件的邻接法(Neighbor-Joining, JN)构建系统发育树，利用 The SAS V8 和 Origin 2017 进行电子鼻统计分析。使用聚类分析（Cluster Analysis，CA）和主成分分析（Principal Component Analysis，PCA），对加入不同乳酸菌的鲊广椒的风味进行差异性分析。

2.4.2 结果与分析

1. 菌株 16s rDNA 序列扩增

CTAB 法提取乳酸菌的 DNA，结果如图 2-15 所示，各菌株基因组 DNA 均在 15 000 bp 之上，且条带清晰明亮，证明提取到符合实验要求的 DNA，用于扩增乳酸菌的 16s rDNA[12]。

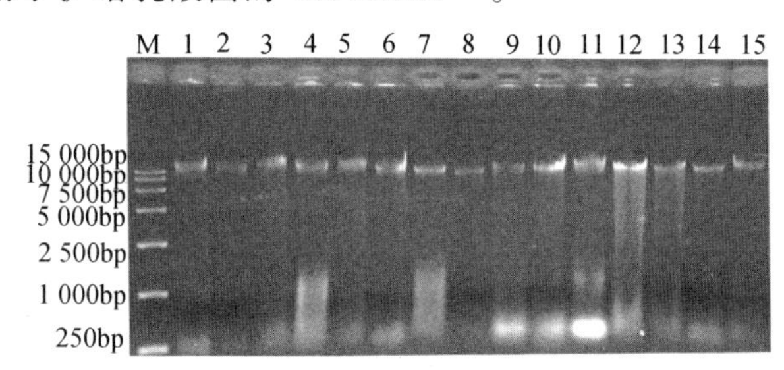

图 2-15 乳酸菌基因组 DNA 琼脂糖凝胶电泳

M—DL15000bp DNA Marker；1—HBUAS51131；2—HBUAS51132；3—HBUAS51133；4—HBUAS51134；5—HBUAS51135；6—HBUAS51136；7—HBUAS51137；8—HBUAS51141；9—HBUAS51142；10—HBUAS51143；11—HBUAS51144；12—HBUAS51145；13—HBUAS51146；14—HBUAS51147；15—HBUAS51148

乳酸菌 16s rDNA PCR 扩增产物琼脂糖凝胶电泳检测的结果如图 2-16 所示，各泳道在 1 500 bp 左右的位置都出现了一条明显的亮带，证明各菌株目标片段均被成功扩增。用清洁试剂盒对 PCR 产物进行清洁，克隆后挑选阳性克隆子送往武汉天一辉远生物科技有限公司测序。

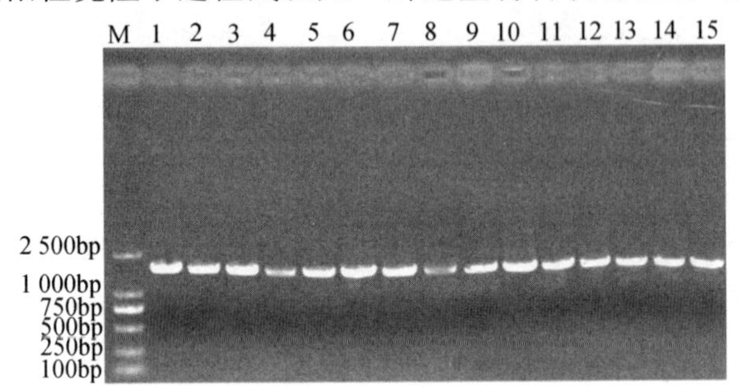

图 2-16　乳酸菌 16s rDNA 的 PCR 产物琼脂糖凝胶电泳图
M—DL2000bp DNA Marker

2. 乳酸菌 16s rDNA 序列及系统发育分析

测序后所得序列进行拼接，在 NCBI 上进行同源比对。与模式菌株相比，相似度大于 99%的细菌判定为同种；相似度介于 95%～99%判定为同属；相似度在 91%～95%判定为同科[10]。恩施鲊广椒的 15 株乳酸菌与其对应的模式菌株相似度为 99%或 100%，表明乳酸菌均已鉴定到种的水平[13]。乳酸菌 16s rDNA 序列同源性比对分析结果如表 2-12 所示。

表 2-12　乳酸菌 16s rDNA 序列分析结果

菌株编号	登录号	模式株	相似度/%
HBUAS51131	MH715359	*Lactobacillus plantarum* NBRC15191	99
HBUAS51132	MH665752	*Lactobacillus plantarum* NBRC15191	99
HBUAS51133	MH665753	*Lactobacillus plantarum* NBRC15191	100
HBUAS51134	MH665754	*Lactobacillus plantarum* NBRC15191	99
HBUAS51135	MH515355	*Lactobacillus plantarum* NBRC15191	99
HBUAS51136	MH665755	*Lactobacillus plantarum* NBRC15191	99
HBUAS51137	MH665756	*Lactobacillus paracasei* JCM8130	99
HBUAS51141	MH665760	*Lactobacillus plantarum* NBRC15191	99
HBUAS51142	MH665761	*Lactobacillus fermentum* CIP10298	99

续表

菌株编号	登录号	模式株	相似度/%
HBUAS51143	MH665762	*Lactobacillus alimentarius* DSM20249	99
HBUAS51144	MH665763	*Lactobacillus fermentum* CIP10298	99
HBUAS51145	MH665764	*Lactobacillus plantarum* NBRC15191	99
HBUAS51146	MH665765	*Lactobacillus plantarum* NBRC15191	99
HBUAS51147	MH665766	*Lactobacillus plantarum* NBRC15191	99
HBUAS51148	MH665767	*Lactobacillus fermentum* CIP10298	99

对恩施鲊广椒中的乳酸菌进行聚类分析，结果如图 2-17 所示。HUBAS51131、HUBAS51132、HUBAS51133、HUBAS51134、HUBAS51135、HUBAS51136、HUBAS51141、HUBAS51145、HUBAS51146 和 HUBAS51147 等 10 株乳酸菌与植物乳杆菌(*Lactobacillus plantarum*)模式菌株聚在一起；HBUAS51142、HBUAS51144 和 HBUAS51148 等 3 株乳酸菌与发酵乳杆菌(*Lactobacillus fermentum*)聚在一起；乳酸菌 HBUAS51137 与副干酪乳杆菌(*Lactobacillus paracasei*)聚在一起；乳酸菌 HBUAS51143 与食品乳杆菌(*Lactobacillus alimentarius*)聚在一起。由此可推断，*L. plantarum* 为恩施鲊广椒中的优势菌，占菌株总数的 66.67%。

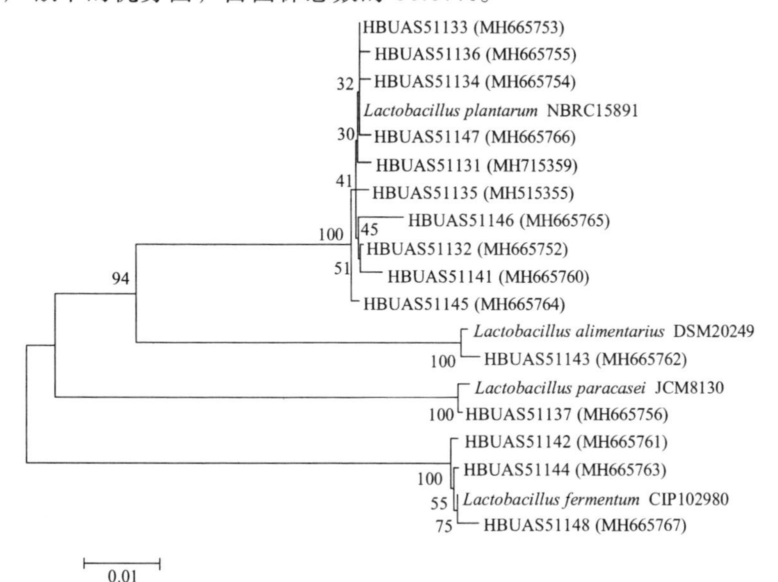

图 2-17　乳酸菌 16s rDNA 序列系统发育树

3. 基于电子鼻分析

鲊广椒不同时间的响应值分析如图 2-18 所示，传感器 W1C（对芳香类物质灵敏）、W3C（对氨气、芳香类物质灵敏）和 W5C（对烷烃、芳香类物质灵敏）的响应值呈下降趋势，传感器 W1W（对有机硫化物、萜类物质灵敏）和 W1S（对甲烷灵敏）响应值呈明显的上升趋势。

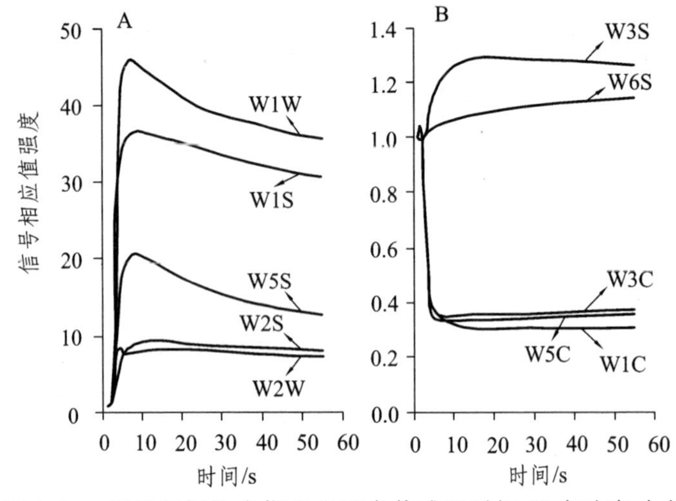

图 2-18　不同时间鲊广椒的电子鼻传感器时间-强度动态响应

电子鼻有十根传感器，不同传感器对鲊广椒呈现不同的响应。由图 2-18 可知，不同时间传感器信号强度响应值的变化趋势：W1W 对鲊广椒的响应值最高，W1S、W5S、W2S 和 W2W 响应值次之，W2S、W6S、W3C、W5C 和 W1C 响应值偏低。鲊广椒的信号强度在 45～55 s 趋于平稳，本研究选取 49 s、50 s、51 s 的测量数据作为参考值，取 3 个数据的平均值进行 PCA 分析。

PCA 是将提取的传感器响应值信号进行数据转换和降维，对降维后的特征向量进行线性分类，PC1 和 PC2 上包含了在 PCA 转换中得到的第一主成分和第二主成分的方差贡献率。方差贡献率越大，说明此主要成分可以较好地反映原来多指标的信息[14]。一般情况下，总贡献率超过 70%～80%的方法即可使用[15]。基于电子鼻技术 PC1 和 PC2 的因子载荷图如图 2-19 所示。

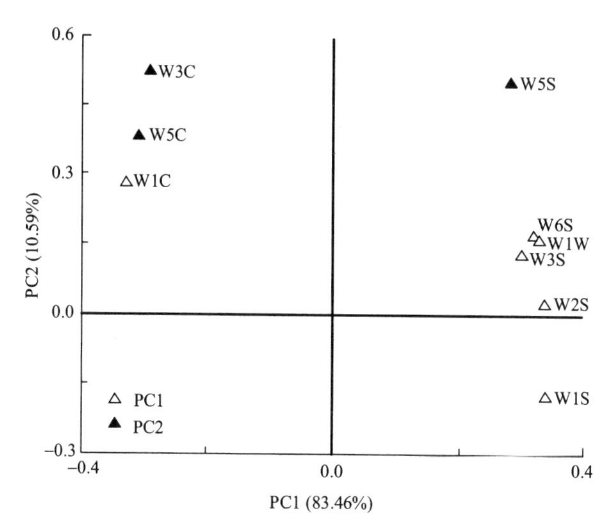

图 2-19 基于 PCA 的 PC1 和 PC2 的因子载荷图

由图 2-19 可知，第一主成分和第二主成分的贡献率总计达 94.05%，基本能够反映原始数据的全部信息。第一主成分包括 W1C、W1W、W6S、W2W、W3S、W2S 和 W1S，贡献率 83.46%；第二主成分包括 W5C、W3C、和 W5S，贡献率为 10.59%。基于电子鼻技术 PC1 和 PC2 的因子得分图如图 2-20 所示。

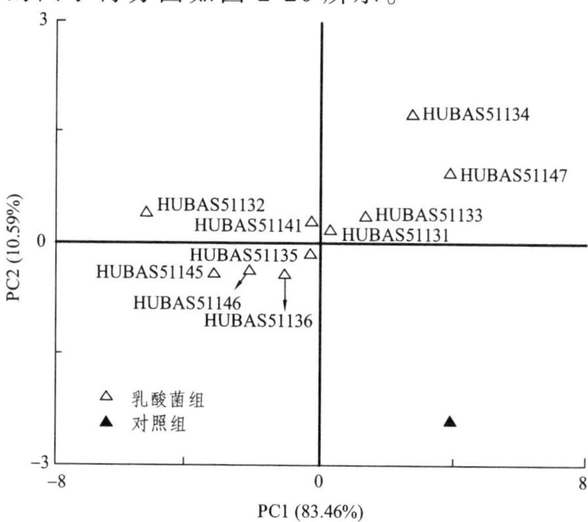

图 2-20 基于 PCA 的 PC1 和 PC2 的因子得分图

由图 2-20 可知，添加乳酸菌组均分布于第一、二、三象限中，对照则处于第四象限。由此可知，添加乳酸菌组与对照组的差异性较大。与对照相比，添加乳酸菌组的鲊广椒芳香性物质含量更高，氮氧化物、氢化物、有机硫化合物和烷烃等物质含量显著降低。结合图 2-19、图 2-20 分析可知，不同乳酸菌对鲊广椒的影响也存在较为显著的差异，乳酸菌 HUBAS51132 和 HUBAS51141 分布于第二象限，芳香类物质含量明显更高；乳酸菌 HUBAS51134、HUBAS51147、HUBAS51133 和 HUBAS51131 分布于第一象限，氢气、乙醇、烷烃、有机硫化物和萜类物质等物质含量更高。由此可见，利用 HUBAS51132 和 HUBAS51141 两株乳酸菌制作的鲊广椒芳香性更好。

2.4.3 结 论

从湖北恩施采集到的 15 个鲊广椒样品，通过倍比稀释法分离出 15 株乳酸菌，进行 16s rDNA 序列分析和同源性比对，筛选出恩施鲊广椒 10 株优势乳酸菌。利用优势乳酸菌制作的鲊广椒样品进行电子鼻分析，检测出乳酸菌 HUBA51135、HUBAS51136、HUBA51145 和 HUBAS51146 制作的鲊广椒芳香性较差；乳酸菌 HUBAS51134、HUBAS51147、HUBAS51133 和 HUBAS51131 制作的鲊广椒氢气、乙醇、烷烃、有机硫化物和萜类物质等物质含量更高；乳酸菌 HUBAS51132 和 HUBAS51141 制作的鲊广椒芳香性更好，在风味上更迎合消费者的喜好。

参考文献

[1] 李院，魏新元，王静，等. 抑制青霉菌乳酸菌的分离、鉴定及抑菌物质分析[J]. 食品科学，2015，36（21）：150-155.

[2] 杨小丽，高航，徐宝钗，等. 孝感米酒中乳酸菌的分离及其对黄酒品质的影响[J]. 食品工业科技，2018，39（18）：93-98.

[3] 孟令帅，张颖，邹婷婷，等. 辣白菜中乳酸菌的分离鉴定[J]. 食品科学，2015，36（11）：130-133.

[4] 质量技术监督行业职业技能鉴定指导中心. 质量技术监督基础[M]. 2 版. 北京：中国质检出版社，2014.

[5]　叶蔺霜. 电子鼻技术在花生品质中的初步应用研究[D]. 杭州：浙江大学，2012.
[6]　庞林江. 电子鼻技术在小麦陈化评定中的应用研究[D]. 杭州：浙江大学，2005.
[7]　陆笑，刘少娟，章锦才，等. 多药耐药草绿色链球菌 16s rDNA 序列同源性分析[J]. 中国临床药理学杂志，2015，31（23）：2317-2319.
[8]　黄元桐，崔杰. 革兰氏染色三步法与质量控制[J]. 微生物学报，1996，36（1）：76-78.
[9]　吴多桂，林栖凤，李冠一. 红树 DNA 的十六烷基三甲基溴化铵法提取及其随机[J]. 中国生物化学与分子生物学报，1999，15（1）：67-70.
[10]　赵慧君，葛东颖，沈馨，等. 襄阳大头菜腌制液中产膜醭酵母菌的多样性分析[J]. 中国酿造，2018，37（05）：33-36.
[11]　陈丽萍，徐茂琴，何红萍，等. 应用 PEN3 型电子鼻传感器快速检测食源性致病菌[J]. 食品科学，2014，35（08）：187-192.
[12]　夏雪娟，陈芝兰，陈宗道，等. 16s rDNA 序列分析法快速鉴定西藏地区传统乳制品中的乳酸菌[J]. 食品科学，2013，34（14）：245-249.
[13]　杨吉霞，张利玲，蒋厚阳，等. 眉山泡菜中乳酸菌的分离鉴定[J]. 食品科学，2015，36（17）：158-163.
[14]　杨春杰，丁武，马利杰，等. 电子鼻技术在区分酸羊奶发酵菌种中的应用[J]. 食品科学，2014，35（18）：052.
[15]　梁爱华，贾洪锋，秦文，等. 电子鼻在方便米饭气味识别中的应用[J]. 中国粮油学报，2010，25（11）：110-113.

（文章发表于《中国酿造》，2019 年 38 卷）

2.5　泡萝卜中乳酸菌的分离鉴定及其对品质的影响

泡萝卜是以萝卜为原料，浸渍在 5%～8%的盐水中依靠自身携带的乳酸菌经 6 ~ 10 天发酵而成的一类蔬菜制品，因质地脆嫩和风味独特而深受消费者青睐[1,2]。传统方法生产的泡萝卜多为自然发酵，存在发酵过程中易“生花”[3]和产品质量不稳定等问题[4]。为了弥补自然发酵的不足之处，国内外研究人员尝试从泡菜水中分离乳酸菌[5-6]，并将具有优良发酵特性的乳酸菌分离株应用于泡菜的生产中。侯晓艳利用 *Lactobacillus brevis*（短乳杆菌）、*Leuconostoc mesenteroides*（肠膜明串珠菌）、*Pediococcus pentosaceus*（戊糖片球菌）和 *L. plantarum*（植物乳杆菌）进行泡萝卜制备，发现纯种发酵可以明显地缩短发酵周期并提升产品品质[7]。

作为湖北省唯一的少数民族自治州，恩施土家族苗族自治州境内海拔落差大、小气候特征明显且生物多样性较高，因而有华中地区“动植物基因库”之称。恩施地区居民历来就有使用萝卜、豇豆和辣椒等蔬菜制作泡菜的习俗，由于地理环境的特殊性，该地制作的泡菜中可能蕴含着丰富的乳酸菌资源，然而目前关于恩施地区泡菜中乳酸菌多样性研究的报道尚少。

本研究以恩施地区泡萝卜为研究对象，对样品中蕴含的乳酸菌资源进行了分离鉴定，同时采用色度仪、质构仪和电子鼻等设备对其分离株纯种发酵制备泡萝卜的品质进行了评价，以期为后续泡萝卜用乳酸菌发酵剂的开发提供菌种支持。

2.5.1 材料与方法

1. 材料与试剂

泡萝卜：采集自恩施市菜市场；MRS 培养基：青岛海博生物技术有限公司；饱和酚、氯仿、溴化十六烷基三甲基铵（Hexadecyl Trimethy Lammonium Bromide，CTAB）、乙二胺四乙酸、异戊醇、乙醇、三羟甲基氨基甲烷、醋酸钠、氯化钠、十二烷基硫酸钠和碳酸钙：国药集团化学试剂有限公司；Axygen PCR 清洁试剂盒：康宁生命科学吴江有限公司；引物 27F/1495R：由武汉天一辉远生物科技有限公司合成；DL15000 Maker、DL2000 Maker、10 × PCR buffer、dNTP mix、r Taq 酶、pMD18-T 克隆载体：宝生物工程（大连）有限公司。

2. 仪器与设备

HBM-400B 拍击式无菌均质器：天津市恒奥科技发展有限公司；DWS

DG250厌氧工作站：英国 Don Whitley 公司；DYY-12电泳仪：北京六一仪器厂；R40-IIB2生物安全柜：中国青岛海尔；5810R台式高速冷冻离心机：德国 Eppendorf 公司；PTC-100PCR仪：美国 Bio-Rad 公司；FluorChem FC3化学发光凝胶成像系统：美国 ProteinSimple 公司；3-18k离心机：德国 SIGMA 实验室离心机股份有限公司；UltraScan PRO色度仪：美国 HunterLab 公司；TA.XT plus质构仪：英国 SMS 公司；PEN3电子鼻：德国 Airsense 公司。

3. 方 法

（1）样品的采集

2017年11月于恩施土家族苗族自治州恩施市舞阳坝菜市场和六角菜市场（109.47°N，30.3°E）采集泡萝卜样品5份，样品在采集过程中应符合以下条件：① 样品未经过热处理；② 样品无异味、无霉变；③ 制作泡萝卜的品种为白萝卜且产地在恩施市；④ 泡萝卜的加工地亦在恩施市。从每个采样点采集泡萝卜样品约500 g装入采样袋中并置于含有冰袋的采样箱中迅速带回实验室。

（2）乳酸菌的分离

使用灭菌刀和砧板将样品切碎后，加入适量生理盐水后装入无菌厌氧袋中，并使用拍击器拍击3 min。采用倍比稀释法对拍击好的样品进行稀释，取－2、－3、－4和－5四个梯度稀释液涂布于含有1.0%碳酸钙的MRS固体培养基上，于DG250厌氧工作站中37 °C培养48 h，工作站中通入含有氮气、氢气和二氧化碳的混合气体，其体积比分别为85∶10∶5[8]。选择菌落数在30～300间的平皿，按照菌落大小、颜色和是否有透明圈等特点挑取单菌落，划线纯化3次后进行过氧化氢酶实验，同时进行革兰氏染色并对菌株形态进行观察，将过氧化氢酶实验为阴性而革兰氏染色为阳性的菌株定义为潜在乳酸菌菌株。

（3）乳酸菌的鉴定

使用CTAB法进行潜在乳酸菌菌株基因组DNA的提取[9]，并以它为模板进行PCR扩增，PCR扩增靶点为16s rRNA，PCR扩增引物为27F/1495R，其中正向引物序列为5'-AGAGTTTGATCCTGGCTCAG-3'，反向引物序列为 5’-CTACGGCTACCTTCTTACGA-3’。PCR 扩增体系（25 μL）为：正反引物（10 μmol/μL）各 0.5 μL，模板 DNA 0.5 μL，10 × PCR Buffer 2.5 μL，dNTP mix 2 μL，r Taq 酶 0.3 μL，加超纯水至 25 μL。PCR 扩增程序为：94 °C 预变性 4 min；94 °C 变性 45 s，55 °C 退火 45 s，72 °C 延伸 90 s，30 次循环；72 °C 延伸 10 min，4 °C 保温[10]。使用 1.0% 琼脂糖凝胶电泳对基因组 DNA 和 PCR 扩增产物分别进行浓度和纯度的定性检测，检测合格后的 PCR 产物使用 Axygen PCR 清洁试剂盒进行清洗，清洁产物进一步连接转化后挑取阳性克隆子送往武汉天一辉远生物科技有限公司进行测序。测序公司反馈回的序列在 NCBI 网站（https://www.ncbi.nlm.nih.gov/）采用 BLAST 方法与模式菌株进行比对进而明确其种属分类地位。

（4）乳酸菌菌株纯种发酵泡萝卜的制备

乳酸菌分离株活化三代后，10 000 r/min 离心 5 min 弃上清，加入 10 mL 生理盐水吹打均匀备用，白萝卜切成 1 cm × 1 cm × 5 cm 条状备用。取白萝卜 350 g、食盐 39.5 g 和煮沸冷却的水 600 mL 装入 1 L 蓝盖瓶，按照 1.5×10^7/g 白萝卜的比例接入菌悬液，25 °C 发酵 7 d。设置不接乳酸菌自然发酵的泡萝卜为对照组。

（5）泡菜水色度的测定

将发酵结束后的泡菜水 10 000 r/min 离心 5 min 取上清备用。使用光阱和白板对色度仪校正后，将泡菜水装入 50 mm × 10 mm 的石英比色皿中，采用透射模式对样品的 L^*（亮度）、a^*（红绿度）和 b^*（黄蓝度）进行测定，每个样品平行测定 3 次[11]。

（6）泡菜质构的测定

采用穿刺模式对泡萝卜的咀嚼性、脆性和硬度进行测定，其中测试模式为穿刺模式，探头为 P/2 柱形探头（直径为 2 mm），测试前速率为 1 mm/s，测试速率为 5 mm/s，测试后速率为 5 mm/s，压缩比为 50%，最小感知力 5 g[12]。每个样品取 5 个泡萝卜条，每个萝卜条取 3 个测试点。

（7）基于电子鼻技术泡菜风味品质的评价

取 15 mL 泡菜水于电子鼻样品瓶中，55 °C 保温 10 min 且室温平衡

10 min后使用电子鼻进行测定，传感器清洗时间为90 s，插入时间为5 s，测试时间为60 s，进样流量为120 mL/min，内部流量为120 mL/min[13]。每个样品平行测定3次，取49 s、50 s和51 s数据求平均值。

（8）统计分析

统计分析采用主成分分析法（Principal Component Analysis，PCA）对泡萝卜品质进行评价。使用MEGA7.0软件绘制系统发育树，使用SAS9.0软件进行PCA，使用Origin2017软件绘图。

2.5.2 结果与分析

1. 泡菜水中乳酸菌的分离鉴定

本研究共从5份泡萝卜中分离出18株潜在乳酸菌菌株，其中17株为杆菌，1株为球菌，所有菌株在含有1.0%碳酸钙的MRS上均能形成透明圈且菌落呈乳白色、革兰氏染色均为阳性、过氧化氢酶实验均为阴性。在对菌株基因组DNA进行提取的基础上，本研究采用琼脂糖凝胶电泳技术对其纯度和浓度进行了检测，并通过凝胶成像仪成像观察，结果如图2-21所示。

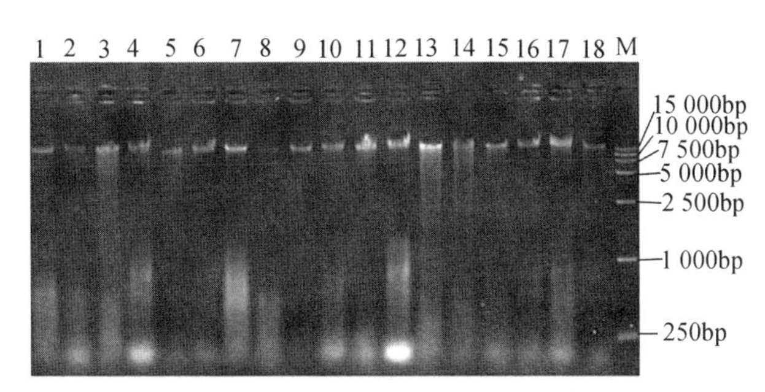

图2-21 基因组DNA凝胶电泳图

泳道1～3：HBUAS51051～51053；泳道4～6：HBUAS51055～51057；泳道7～12：HBUAS51059～51064；泳道13～18：HBUAS51066～51071；M：DL15000maker；图2-22同。

由图2-21可知，每个泳道在20 000 bp左右均出现了荧光条带，但部分条带有拖尾现象，同时少数条带亮度偏弱，由此可见，虽然本研究提取的不同菌株基因组DNA的浓度和纯度存在一定的差异性，但基本都满足后续 16s rRNA 扩增的要求。在对 18 株潜在乳酸菌菌株 16s rRNA 基因进行 PCR 扩增后，本研究亦采用琼脂糖电泳技术对其扩增产物浓度和纯度进行了检测，结果如图 2-22 所示。

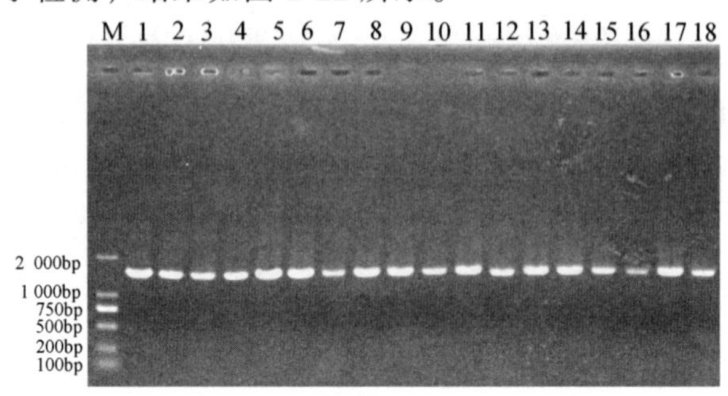

图 2-22 PCR 扩增产物凝胶电泳图

由图 2-22 可知，所有泳道在 1 500 bp 左右均出现荧光条带，条带清晰、亮度较高且无明显拖尾现象，因而所有潜在乳酸菌菌株 16s rRNA 基因 PCR 扩增成功，可用于后续清洁、连接、转化和核苷酸序列测定。本研究进一步登陆 NCBI 网站，将各菌株反馈后的序列采用 BLAST 方法进行比对，选取相似度较高且已公布的乳酸菌模式种的 16s rRNA 基因序列构建系统发育树，进而明确分离株的种属分类学地位，系统发育树如图 2-23 所示。

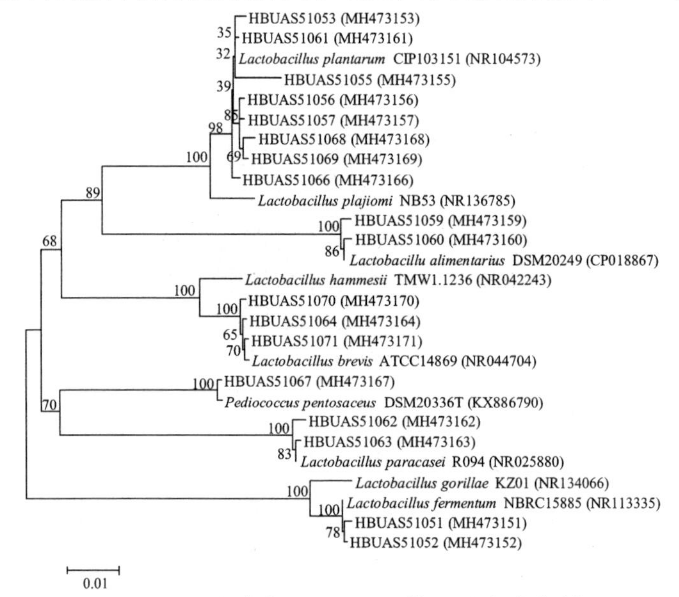

图 2-23 乳酸菌 16s rRNA 基因系统发育树

由图 2-23 可知，根据 16s rRNA 基因的系统发育分析，1 株球菌鉴定为 *Pediococcus pentosaceus*（戊糖片球菌），而其他 17 株杆菌分别被鉴定为 *Lactobacillus*（乳酸杆菌属）的 5 个种，其中菌株 HBUAS51059 和 HBUAS51060 被鉴定为 *L. alimentarius*（食品乳杆菌），菌株 HBUAS51064、HBUAS51070 和 HBUAS51071 被鉴定为 *L. brevis*（短乳杆菌），菌株 HBUAS51062 和 HBUAS51063 被鉴定为 *L. paracasei*（副干酪乳杆菌），菌株 HBUAS51051 和 HBUAS51052 被鉴定为 *L. fermentum*（发酵乳杆菌），而其他 8 株菌株均被鉴定为 *L. plantarum*（植物乳杆菌）。由此可见，恩施地区泡萝卜中乳酸菌具有较高的多样性，且 *L. plantarum* 为其优势乳酸菌类群，占分离株总数的 44.44%。根据卫计委印发的《可用于食品的菌种名单》（2016 版）规定，*L. alimentarius* 不能用于食品的加工，因而本研究进一步使用除 *L. alimentarius* 外的 16 株乳酸菌分离株进行了泡萝卜的纯种发酵。

2. 乳酸菌纯种发酵泡萝卜色泽和质构的评价

有研究指出自然发酵的泡菜在发酵过程中常出现“生花”的现象，一旦膜醭出现不仅难以清除，同时会使泡菜水颜色发暗且泡菜口感偏软[3]，虽然在乳酸菌纯种发酵制备泡萝卜的过程中没有出现“生花”现象，但本研究亦采用色度仪和质构仪分别对泡萝卜水和泡萝卜的色泽和质构进行了评价，结果如表 2-13 所示。

表 2-13　不同处理泡萝卜水色度和泡萝卜质构指标的比较分析

滋味指标	自然发酵	乳酸菌纯种发酵
*L**	94.22	94.31（94.57，89.74 ~ 95.97）
*a**	− 1.50	− 1.23（ − 1.43， − 1.63 ~ 0.12）
*b**	1.11	1.28（0.74， − 0.22 ~ 6.20）
硬度/g	363.73	398.85（400.40，346.66 ~ 470.17）
脆性/mm	2.83	2.95（2.85，2.49 ~ 3.63）
咀嚼性/g.sec	486.96	474.17（477.06，405.19 ~ 545.72）

注：94.31（94.57，89.74 ~ 95.97），平均值（中位数，最小值 ~ 最大值），表 2-14 同。

由表 2-13 可知，较之自然发酵的泡萝卜，乳酸菌纯种发酵制备的多数样品其 L^*和 a^*偏大，而 b^*呈现出相反的趋势，这说明乳酸菌纯种发酵的泡萝卜水颜色偏亮、偏红和偏蓝[14]。值得一提的是，乳酸菌纯种发酵制备的多数泡萝卜样品硬度和脆性均明显高于自然发酵样品，而咀嚼性呈现出相反的趋势。由此可见，乳酸菌纯种发酵可明显提升泡萝卜的质构品质。

3. 乳酸菌纯种发酵泡萝卜典型风味物质的评价

在对泡菜水色泽和泡萝卜质构进行评价的基础上，本研究进一步使用电子鼻技术对不同泡萝卜水中典型风味物质的含量进行了分析，结果如表 2-14 所示。

表 2-14　不同处理泡萝卜水中典型风味物质的比较分析

金属传感器	性能描述[15]	自然发酵	乳酸菌纯种发酵
W1C	对芳香类物质灵敏	0.20	0.21（0.22，0.12～0.27）
W5S	对氢氧化物灵敏	4.91	8.05（7.49，3.23～17.56）
W3C	对芳香类物质灵敏	0.36	0.37（0.38，0.24～0.46）
W6S	对氢气有选择性	1.05	1.05（1.06，1.00～1.09）
W5C	对烷烃、芳香类物质灵敏	0.50	0.52（0.55，0.33～0.63）
W1S	对甲烷灵敏	11.58	11.23（9.80，7.76～23.49）
W1W	对有机硫化物、萜类物质灵敏	5.32	5.82（5.35，4.36～9.82）
W2S	对乙醇灵敏	6.88	6.50（5.95，4.86～12.42）
W2W	对有机硫化物灵敏	4.35	4.23（4.04，3.67～6.25）
W3S	对烷烃类物质灵敏	1.83	1.82（1.78，1.35～2.62）

由表 2-14 可知，传感器 W1C、W3C 和 W5C 对多数乳酸菌纯种发酵泡萝卜水的响应值明显偏高，而 W6S、W1S、W2S、W2W 和 W3S 呈现出相反的趋势，因传感器 W1C、W3C 和 W5C 主要对芳香类物质敏感，因而乳酸菌纯种发酵可明显提升多数泡萝卜水挥发性风味物质中的芳香类物质。

4. 基于 PCA 乳酸菌纯种发酵泡萝卜品质的评价

本研究使用 PCA，采用降维的方法对乳酸菌纯种发酵泡萝卜的品质进行了进一步评价，第一主成分（Principal Component 1，PC1）、PC2、PC3 和 PC4 的贡献率分别为 42.44%、22.34%、11.70%和 10.27%，前 4 个 PC 的累计方差贡献率为 86.76%。PC1 由 W1C、W5S、W3C、W5C 和 W2S 5 个风味指标构成；PC2 由 W1W、W2W、L^*和 b^* 4 个指标构成；PC3 由脆性和咀嚼性 2 个质构指标构成；PC4 由 W6S、W1S、W3S、硬度和 a^* 5 个指标构成。因咀嚼性和脆性为泡萝卜的特征性指标，因而本研究选取 PC1 和 PC3 进行了因子载荷图的绘制，结果如图 2-24 所示。

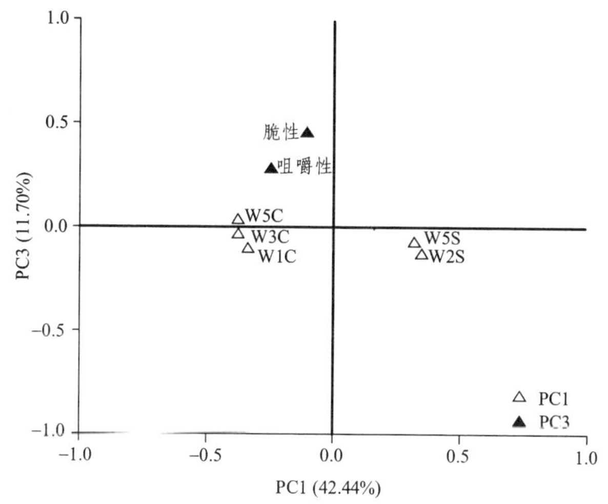

图 2-24　基于 PCA 的乳酸菌纯种发酵泡萝卜品质的因子载荷图

由图 2-24 可知，PC1 中 W5S 和 W2S 2 个风味缺陷型指标偏向 X 轴正方向，W1C、W3C 和 W5C 3 个风味特征性指标偏向 X 轴负方向，PC3 中脆性和咀嚼性指标偏向 Y 轴正方向，因而在因子得分图中排布于第二象限的样品其品质最佳，排布于第一三象限的次之，而排布于第四象限的品质最差。基于 PC1 和 PC3 的因子得分图如图 2-25 所示。

由图 2-25 可知，不同乳酸菌分离株纯种发酵制备的泡萝卜样品在空间排布上较为分散，在 4 个象限均有分布，这说明不同菌株间的发酵特性差异较大，其中多数样品的空间排布较之自然发酵组偏左上方，因而这进一步证实了乳酸菌纯种发酵可明显提升多数泡萝卜的品质。由图 2-25 亦可知，菌株 *L. paracasei* HBUAS51063 和 *L. plantarum* HBUAS51053 纯种发酵制备的泡萝卜样品最偏左上方，因而该两株菌具有相对较佳的发酵特性，可进一步用于后续泡菜用乳酸菌菌株的筛选。

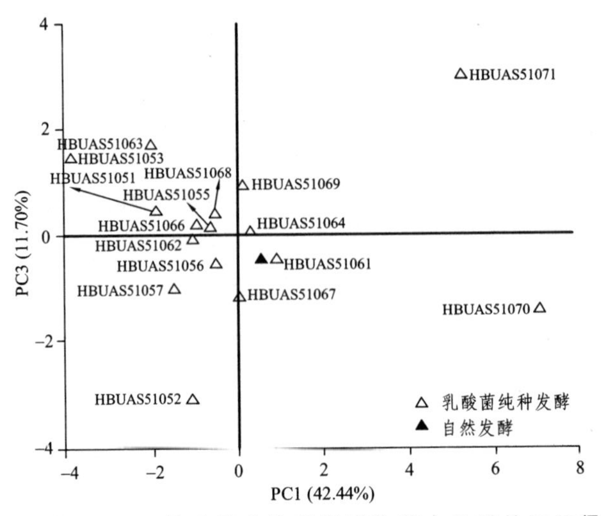

图 2-25　基于 PCA 的乳酸菌纯种发酵泡萝卜品质的因子得分图

2.5.3　结　论

恩施地区泡萝卜中乳酸菌具有较高的多样性且 *L. plantarum* 为其优势乳酸菌，通过提升多数泡萝卜水挥发性风味物质中的芳香类物质及泡萝卜的硬度和脆性，*L. plantarum* 纯种发酵可明显改善泡萝卜的品质，其中菌株 *L. paracasei* HBUAS51063 和 *L. plantarum* HBUAS51053 具有相对较佳的发酵特性，可进一步用于后续泡菜用乳酸菌菌株的筛选。

参考文献

[1]　汤艳燕，龙谋，黄盛蓝，等. 不同色变泡萝卜中挥发性成分的比较研究[J]. 中国调味品，2018，43（6）：1-5.

[2]　王冉，李小林，李敏，等. 反相高效液相色谱法测定泡萝卜中的有机酸[J]. 食品工业科技，2014，35（13）：283-287.

[3]　何鹏晖，库晓，钱杨，等. 发酵蔬菜中腐败微生物及其防控的研究进展[J]. 食品工业科技，2017，38（11）：374-378.

[4]　蒋云露，杨建涛，何鹏晖，等. 传统泡菜腐败过程中膜醭和

盐卤的微生物区系分析[J]. 食品安全质量检测学报，2016，7（1）：305-313.
[5] HUANG M L，HUANG J Y，KAO C Y，et al. Complete genome sequence of Lactobacillus pentosus SLC13，isolated from mustard pickles，a potential probiotic strain with antimicrobial activity against foodborne pathogenic microorganisms[J]. Gut Pathogens，2018，10（1）：1154.
[6] NISHIDA S，ISHII M，NISHIYAMA Y，et al. Lactobacillus paraplantarum 11-1 isolated from rice bran pickles activated innate immunity and improved survival in a silkworm bacterial infection model[J]. Frontiers in Microbiology，2017，8（3）：436.
[7] 侯晓艳，陈安均，罗惟，等. 不同乳酸菌纯种发酵萝卜过程中品质的动态变化[J]. 食品工业科技，2015，36（2）：181-185.
[8] 蔡宏宇，葛东颖，马磊，等. 基于PCR-DGGE研究琚湾酸浆水中细菌多样性及乳酸菌的分离鉴定[J]. 食品研究与开发，2018，39（15）：149-153.
[9] 沈馨，马佳佳，刘文汇，等. 浓香型白酒窖泥中乳酸菌的分离鉴定及其在柑橘酒中的应用[J]. 中国酿造，2018，37（7）：42-46.
[10] 郭壮，蔡宏宇，杨成聪，等. 六名襄阳地区青年志愿者肠道菌群多样性的研究[J]. 中国微生态学杂志，2017，29（9）：998-1004.
[11] GOYENECHE R，AGÜERO M V，ROURA S，et al. Application of citric acid and mild heat shock to minimally processed sliced radish：color evaluation[J]. Postharvest Biology and Technology，2014，93（7）：106-113.
[12] BAO R，FAN A P，HU X，et al. Effects of high pressure processing on the quality of pickled radish during refrigerated storage[J]. Innovative Food Science & Emerging Technologies，2016，38（12）：206-212.
[13] 杨成聪，刘丹丹，葛东颖，等. 基于气相色谱-质谱联用技术结合电子鼻评价浸米时间对黄酒风味品质的影响[J]. 食品与发酵工业，2018，44（8）：265-270.

[14] 薛丹，欧阳一非，高海燕，等. 方便面感官品质特性与面条质构、色泽指标的关系研究[J]. 食品工业科技，2010，31（4）：97-99.

[15] 韩千慧，杨雷，王念，等. 襄阳地区腊肠的风味品质评价[J]. 肉类研究，2016，30（9）：8-12.

（文章发表于《食品工业科技》，2019 年 40 卷）

2.6 酸豇豆中乳酸菌多样性解析及其分离株发酵特性评价

泡菜是浸泡于食盐含量为 2%～8%的卤水中，依靠蔬菜自身携带乳酸菌厌氧发酵而成的一类发酵蔬菜制品的总称[1]，目前用于泡菜制作的蔬菜主要包括萝卜[2]、辣椒[3]、白菜[4]、青菜[5]和豇豆[6]等，其中酸豇豆因营养成分齐全、口感脆爽且风味独特而成为我国泡菜的重要组成部分[7]。在泡菜发酵过程中，卤水中微生物群系的变化直接决定了泡菜风味品质的形成[8]，因而国内外众多学者对泡菜中微生物的多样性开展了相对系统的研究，多数研究均证实 *Leuconostoc mesenteroides*（肠膜明串珠菌）、*Lactobacillus plantarum*（植物乳杆菌）和 *Pediococcus pentosaceus*（戊糖片球菌）为泡菜中的优势乳酸菌[9]。

近年来随着健康意识的提升，消费者越来越倾向于低盐豇豆泡菜[10]，而自然发酵的酸豇豆是最易发生软腐、产生酸败味和“生花”的泡菜之一[11]。较之自然发酵，乳酸菌纯种发酵的豇豆质地变化快且成熟周期短[12]，同时风味较纯正[13]，因而在对酸豇豆中乳酸菌进行分离鉴定的基础上，积极开展具有优良发酵特性乳酸菌菌株的筛选，进而推动酸豇豆发酵模式的改变具有积极的意义。作为华中地区重要的“动植物基因库”，恩施土家族苗族自治州位于鄂、湘和渝三省（市）交汇处，境内森林覆盖率近 70%，居住着汉族、土家族、苗族和侗族等众多少数民族。恩施地区居民历来有制作和食用酸豇豆的习俗，因而该地酸豇豆中亦可能蕴含着丰富的乳酸菌资源。

本研究对采集自恩施地区酸豇豆中乳酸菌的多样性进行了解析，在对其蕴含的乳酸菌资源进行分离鉴定和保藏的基础上，使用电子鼻和电子舌技术对 *L. plantarum* 纯种发酵酸豇豆的品质进行了评价，以期为后续具有优良酸豇豆发酵特性乳酸菌的筛选提供菌株支持。

2.6.1 材料与方法

1. 材料与试剂

酸豇豆采集自恩施土家族苗族自治州恩施市舞阳坝菜市场和土桥坝菜市场；MRS 培养基：青岛海博生物技术有限公司；十六烷基三甲基溴化铵（Hexadecyl Trimethy Lammonium Bromide，CTAB）、氯化钠、二羟甲基氨基甲烷、碳酸钙、十二烷基硫酸钠、甘油、过氧化氢、氯仿、饱和酚和异戊醇：国药集团化学试剂有限公司；10×PCR Buffer、rTaq 酶和 dNTP mix：北京全式金生物技术有限公司；正向引物 27F（5'-AGAGTTTGATCCTGGCTCAG-3'）和反向引物 1495R（5'-CTACGGCTACCTTGTTACGA-3'）：由武汉天一辉远有限公司合成；Axygen PCR 清洁试剂盒，康宁生命科学吴江有限公司。

2. 仪器与设备

DG250 厌氧工作站：英国 DWS 公司；ECLIPSE Ci 生物显微镜：日本 Nikon 公司；ND-2000C 微量紫外分光光度计：美国 Nano Drop 公司；DYY-12 电泳仪：北京六一仪器厂；UVPCDS8000 凝胶成像分析系统：美国 ProteinSimple 公司；vetiri 梯度基因扩增仪：美国 AB 公司；5810R 台式高速冷冻离心机：德国 Eppendorf 公司；HWS24 型恒温水浴锅：上海一恒科学仪器有限公司；SA402B 味觉分析系统：日本 INSENT 公司；PEN3 型电子鼻：德国 Airsense 公司；BS224S 电子天平：北京赛多利斯仪器系统有限公司；PGJ-10-AS 纯水仪：武汉品冠仪器设备有限公司。

3. 方 法

（1）酸豇豆中潜在乳酸菌菌株的分离

采用倍比稀释的方法对酸豇豆样品中的菌群进行稀释，选取合适浓度的稀释液涂布于含有1.0%碳酸钙的MRS固体培养基中，在氮气、氢气和二氧化碳体积比为85∶10∶5的厌氧工作站中37 °C培养48 h。选取形态大小不同且有透明圈的单菌落进行分离并进行3代纯化，最终将过氧化氢酶实验为阴性且革兰氏染色为阳性的菌株定义为潜在乳酸菌菌株，并使用甘油保藏后置于－80 °C冰箱备用。

（2）酸豇豆中潜在乳酸菌菌株的鉴定

将潜在乳酸菌菌株接种于MRS液体培养基中，37 °C培养24 h后3 000 r/min离心10 min收集菌体，使用CTAB法进行基因组DNA提取[14]，并以DNA为模板进行PCR扩增。PCR扩增体系：2.5 μL 10×PCR Buffer，2 μL dNTP，正向和反向引物各0.5 μL，0.2 μL rTaq酶，1 μL DNA模板和18.3 μL无菌水[15]。PCR扩增条件为：95 °C 4 min；95 °C 45 s，55 °C 45 s，72 °C 90 s，循环30次；72 °C 10 min。PCR扩增结束后使用1.0%琼脂糖凝胶电泳对扩增产物的扩增效果进行检测，上样量为2.5μL[16]。同时使用清洁试剂盒将扩增产物清洁后，进行克隆鉴定，并选取阳性克隆送往武汉天一辉远有限公司进行测序，反馈回的序列经拼接后在NCBI数据库（https://www.ncbi.nlm.nih.gov/）进行比对，依据序列同源性选取与相似度≥99%的模式菌株确定种属关系，并使用MEGA7.0软件进行系统发育树的构建。

（3）*L. plantarum*纯种发酵酸豇豆的制作

将豇豆洗净沥干后切成长约5 cm的小段放入2L玻璃泡菜坛中，同时按照每250 g豇豆添加35.5 g食盐和600 mL纯净水的比例进行酸豇豆的制备。按照5×10^6/g豇豆的比例接入2）中鉴定出且活化了3代的*L. plantarum*菌悬液，搅拌均匀后泡菜坛口水封，置培养箱中30 °C发酵7 d。同时以未接入乳酸菌的酸豇豆作为对照组，且将其定义为自然发酵组。

（4）*L. plantarum*纯种发酵酸豇豆品质的评价

取（3）中发酵好的酸豇豆浆水3 000 r/min离心10 min取上清，使用SA402B电子舌参照王玉荣的方法进行酸、苦、涩、咸和鲜5个基本味及后味-A、后味-B和丰度3个回味指标相对强度的测定[17]，进而评价*L. plantarum*纯种发酵对酸豇豆滋味品质的影响。

亦取（3）中发酵好的酸豇豆浆水直接装入15 mL样品瓶中，55 °C

水浴 10 min 后室温平衡 20 min，参照杨成聪的方法使用 PEN3 电子鼻 10 组金属氧化物传感器对各敏感物质的响应值进行检测[18]，进而评价 *L. plantarum* 纯种发酵对酸豇豆风味品质的影响。

4. 数据处理

采用箱形图对不同处理酸豇豆各滋味品质指标的差异性进行展示，采用主成分分析（Principal Component Analysis，PCA）对不同处理酸豇豆品质进行评价。使用 Origin2017 进行箱形图、PCA 因子载荷图和因子得分图绘制，使用 SAS9.0 软件进行 PCA。

2.6.2 结果与分析

1. 酸豇豆中乳酸菌的分离鉴定

从 6 个酸豇豆样品中本研究分离到 23 株潜在乳酸菌菌株，所有菌株均为杆状，且过氧化氢酶实验和革兰氏染色实验分别为阴性和阳性。在提取潜在乳酸菌菌株基因组 DNA 的基础上，本研究进一步对其 16s rDNA 序列进行了 PCR 扩增，同时采用 1%琼脂凝胶电泳对扩增产物进行了检验，电泳图如图 2-26 所示。

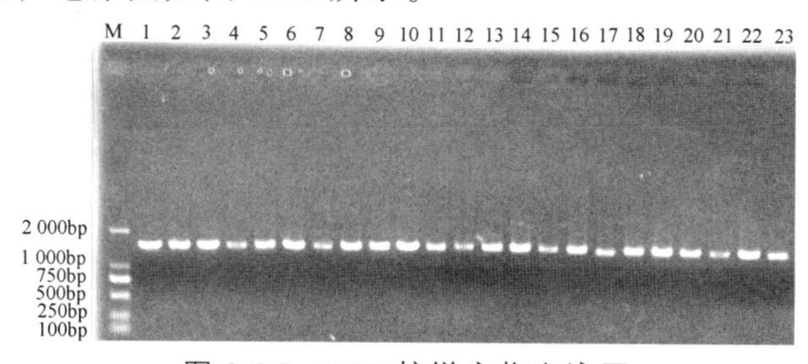

图 2-26　PCR 扩增产物电泳图

M：DL2000 marker；泳道 1～17：菌株 HBUAS51002～51018；泳道 18～23：菌株 HBUAS51023～51028。

由图 2-26 可知，所有泳道中的条带片段均在 1 500 bp 左右，这说明扩增产物为 16s rDNA 序列，此外所有泳道中条带单一、明亮且无严重拖尾现象，这说明扩增产物的浓度和纯度均较高，因而本研究得到的 16s rDNA 序列 PCR 扩增产物满足后续测序要求。在测序公司反馈回序列后，将拼接完成且去掉引物的序列在 NCBI 网站 GenBack 数据库中与模式菌株序列进行比对，结果如表 2-15 所示。

表 2-15 模式株和分离株的序列同源性分析

菌株编号	模式菌株	相似度	鉴定结果
HBUAS51002	*L. plantarum* NBRC15891	99%	*L. plantarum*
HBUAS51003	*L. plantarum* NBRC15891	99%	*L. plantarum*
HBUAS51004	*L. plantarum* NBRC15891	100%	*L. plantarum*
HBUAS51005	*L. plantarum* NBRC15891	99%	*L. plantarum*
HBUAS51006	*L. plantarum* NBRC15891	100%	*L. plantarum*
HBUAS51007	*L. plantarum* NBRC15891	99%	*L. plantarum*
HBUAS51008	*L. rhamnosus* NBRC 3425	99%	*L. rhamnosus*
HBUAS51009	*L. plantarum* NBRC15891	99%	*L. plantarum*
HBUAS51010	*L. plantarum* NBRC15891	99%	*L. plantarum*
HBUAS51011	*L. plantarum* NBRC 15891	99%	*L. plantarum*
HBUAS51012	*L. plantarum* NBRC15891	100%	*L. plantarum*
HBUAS51013	*L. plantarum* NBRC15891	99%	*L. plantarum*
HBUAS51014	*L. fermentum* NBRC15885	99%	*L. fermentum*
HBUAS51015	*L. plantarum* NBRC15891	100%	*L. plantarum*
HBUAS51016	*L. plantarum* NBRC15891	99%	*L. plantarum*
HBUAS51017	*L. plantarum* NBRC15891	99%	*L. plantarum*
HBUAS51018	*L. plantarum* NBRC15891	99%	*L. plantarum*
HBUAS51023	*L. plantarum* NBRC15891	99%	*L. plantarum*
HBUAS51024	*L. plantarum* NBRC15891	99%	*L. plantarum*
HBUAS51025	*L. plantarum* NBRC15891	100%	*L. plantarum*
HBUAS51026	*L. plantarum* NBRC15891	100%	*L. plantarum*
HBUAS51027	*L. plantarum* NBRC15891	99%	*L. plantarum*
HBUAS51028	*L. plantarum* NBRC15891	99%	*L. plantarum*

由表 2-15 可知，菌株 HBUAS51008 被鉴定为 *L. rhamnosus*（鼠李糖乳杆菌），菌株 HBUAS51014 被鉴定为 *L. fermentum*（发酵乳杆菌），而其他 21 株菌株被鉴定为 *L. plantarum*（植物乳杆菌），且所有乳酸菌菌株 16s rDNA 与模式株的同源性均≥99%。本研究进一步构建了乳酸菌分离株和模式株的系统发育树，如图 2-27 所示。

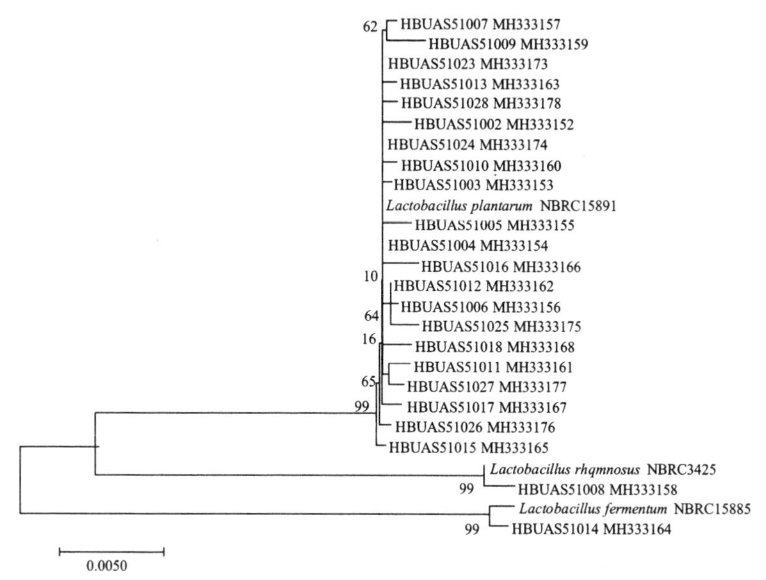

图 2-27 模式株和分离株的系统发育树

由图 2-27 可知，菌株 HBUAS51008 与 *L. rhamnosus* NBRC3425 形成一个系统发育树分支，菌株 HBUAS51014 与 *L. fermentum* NBRC15885 形成一个系统发育树分支，而其他 21 株菌株与 *L. plantarum* NBRC15891 形成一个系统发育树分支，因而本研究的比对结果具有较高的准确性和可信度。由图 2-27 亦可知，分离出的 23 株乳酸菌中 21 株为 *L. plantarum*，占分离株总数的 91.30%，因而 *L. plantarum* 为酸豇豆中的优势乳酸菌。

2. *L. plantarum* 纯种发酵对酸豇豆风味品质的影响

在对酸豇豆中乳酸菌进行分离鉴定的基础上，本研究选取 21 株 *L. plantarum* 纯种发酵进行了酸豇豆样品的制备，并使用电子鼻这一仿生设备对其风味品质进行了评价，结果如表 2-16 所示。

表 2-16　不同处理酸豇豆挥发性风味物质的比较分析

金属传感器	性能描述[19]	自然发酵组	*L. plantarum* 纯种发酵组
W1C	对芳香类物质灵敏	0.14	0.16（0.15，0.13~0.19）
W5S	对氢氧化物灵敏	7.57	5.79（6.07，4.13~6.94）
W3C	对芳香类物质灵敏	0.26	0.30（0.29，0.27~0.34）
W6S	对氢气有选择性	1.08	1.08（1.08，1.05~1.11）
W5C	对烷烃、芳香类物质灵敏	0.34	0.39（0.38，0.36~0.45）
W1S	对甲烷灵敏	29.33	23.86(24.03,18.93~26.77)
W1W	对有机硫化物、萜类物质灵敏	28.38	19.21(20.1,13.96~23.16)
W2S	对乙醇灵敏	13.94	12.24(12.23,9.88~15.95)
W2W	对有机硫化物灵敏	9.75	8.45（8.68，7.25~9.36）
W3S	对烷烃类物质灵敏	1.87	1.75（1.69，1.59~1.97）

注：0.16（0.15，0.13~0.19），平均值（中位数，最小值~最大值）。

由表 2-16 可知，较之对照组，金属传感器 W1C、W3C、W5C 对多数 *L. plantarum* 纯种发酵的酸豇豆响应值明显偏高，而金属传感器 W1S、W1W、W2S、W2W 和 W3S 则呈现出相反的趋势。由此可见，*L. plantarum* 纯种发酵可提升多数酸豇豆挥发性风味物质中的烷烃和芳香类物质含量，而对氢氧化物和有机硫化物等物质的生成具有一定抑制作用，*L. plantarum* 纯种发酵有利于提升多数酸豇豆的风味品质。

3. *L. plantarum* 纯种发酵对酸豇豆滋味品质的影响

作为酸豇豆品质的重要组成部分，*L. plantarum* 纯种发酵是否会对其滋味产生影响亦是本研究亟须解决的问题。基于电子舌技术 *L. plantarum* 纯种发酵对酸豇豆各滋味指标的影响如图 2-28 所示。

由图 2-28 可知，21 株 *L. plantarum* 纯种发酵酸豇豆在后味 A（涩味的回味）、后味 B（苦味的回味）、苦味和涩味 4 个指标上差异较大，其极差值分别为 14.65、13.38、12.2 和 11.59；其次为酸味，极差值为 4.47；

而在咸味、鲜味和丰度差异较小，仅为0.99、0.66和0.52。由此可见，*L. plantarum*纯种发酵酸豇豆滋味品质的差异主要体现在后味A(涩味的回味)、后味B(苦味的回味)、苦味、涩味和酸味上。由图2-28亦可知，*L. plantarum*纯种发酵可明显提升酸豇豆的酸味。

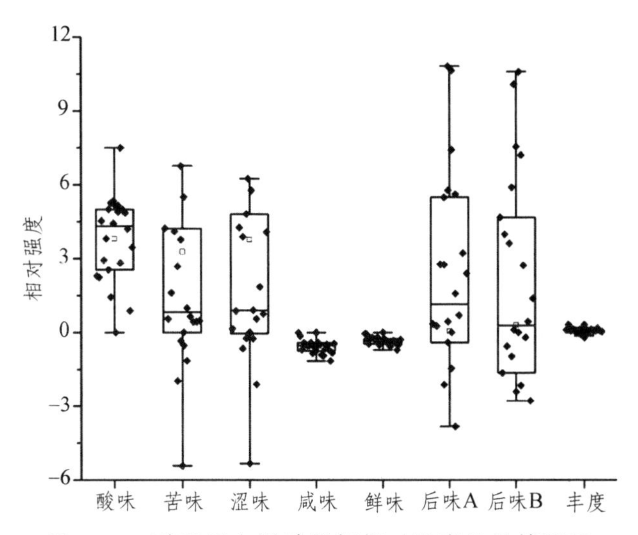

图2-28　酸豇豆各滋味指标相对强度值的箱形图

注：自然发酵的酸豇豆各滋味指标均设置为0，黑色菱形代表样品。

4. 基于PCA的*L. plantarum*纯种发酵对酸豇豆品质的影响

在对自然发酵和*L. plantarum*纯种发酵制备酸豇豆风味和滋味指标相对强度进行比较分析的基础上，本研究使用PCA对21个样本的品质进行了降维分析，结果发现其信息主要集中在前4个主成分，累计方差贡献率为87.53%。第一主成分（Principal Component 1，PC1）的贡献率为51.69%，由W1C、W5S、W3C、W6S、W5C、W1S、W1W、W2S和W2W 9个风味指标构成；PC2的贡献率为17.08%，由后味A（涩味的回味）和后味B（苦味的回味）2个缺陷型滋味指标构成；PC3的贡献率为13.74%，由苦味、涩味、咸味、鲜味和丰度5个滋味指标构成；PC4的贡献率为5.01%，由酸味和W3S 2个指标构成。因酸味为酸豇豆的特征性滋味指标，因而本研究选取PC1和PC4进行了因子载荷图的绘制，结果如图2-29所示。

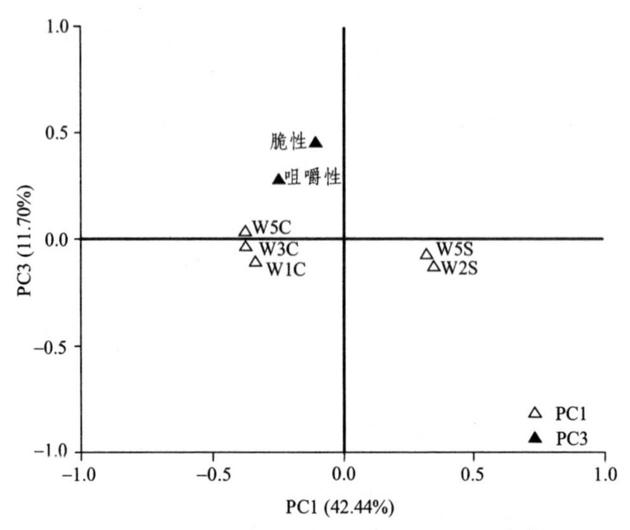

图 2-29　基于 PCA 的 PC1 和 PC4 因子载荷图

由图 2-29 可知，PC1 中 W1C、W3C 和 W5C 3 个酸豇豆特征性风味指标主要偏向 X 轴负方向，而 W5S、W6S、W1S、W1W、W2S 和 W2W 6 个酸豇豆缺陷性指标主要偏向 X 轴正方向，因而 2 类风味指标呈现明显负相关。由图 2-29 亦可知，PC4 中酸味位于 Y 轴负方向，而 W3S 位于 Y 轴正方向，两者亦呈现明显负相关。由此可见，在因子得分图中若样品的空间排布越偏向左下方则其品质越佳，基于 PC1 和 PC4 的因子得分图如图 2-30 所示。

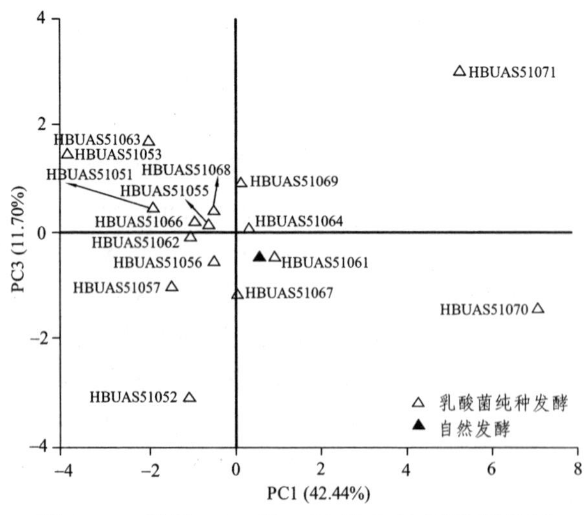

图 2-30　基于 PCA 的 PC1 和 PC4 因子得分图

由图 2-30 可知，较之自然发酵，*L. plantarum* 纯种发酵制备的酸豇豆样品在空间排布上整体偏向左下方，结合图 2-29 可知，*L. plantarum* 纯种发酵有利于提升多数酸豇豆的品质。由图 2-30 亦可知，*L. plantarum*HBUAS51023 和 *L. plantarum*HBUAS51005 在空间排布上最偏向 Y 轴负方向或 X 轴负方向，具有最强的产酸或产香能力，但其风味和滋味品质不均衡，虽然 *L. plantarum*HBUAS51009、*L. plantarum*HBUAS51016 和 *L. plantarum*HBUAS51027 产酸或产香能力均不最佳，但其制备的酸豇豆品质均衡，可用于后续具有优良酸豇豆发酵特性乳酸菌的进一步筛选。

2.6.3 结　论

采用纯培养技术对恩施地区酸豇豆中乳酸菌多样性进行了解析，并对其分离株的发酵特性进行了评价，结果发现 *L. plantarum* 为酸豇豆中的优势乳酸菌，*L. plantarum* 纯种发酵有利于提升多数酸豇豆的风味和酸味品质，其中 *L. plantarum*HBUAS51009、*L. plantarum*HBUAS51016 和 *L. plantarum*HBUAS51027 发酵特性较佳。

参考文献

[1] ZHAO N, ZHANG C, YANG Q, et al. Selection of taste markers related to lactic acid bacteria microflora metabolism for Chinese traditional paocai: a gas chromatography mass spectrometry-based metabolomics approach[J]. Journal of Agricultural and Food Chemistry, 2016, 64(11): 2415-2422.

[2] 吴伟杰，郜海燕，陈杭君，等. 白萝卜泡菜发酵菌株乳酸肠球菌 WJ03 的分离筛选与应用[J]. 中国食品学报，2017，17(12): 86-94.

[3] 张慧敏，赵江欣，李见森，等. 预加乳酸泡辣椒在发酵过程中的品质变化[J]. 食品科技，2018，43(7): 100-103.

[4] INATSU Y, OHATA Y, ANANCHAIPATTANA C, et al. Fate of Escherichia coli O157 cells inoculated into lightly pickled

Chinese Cabbage during processing，storage and incubation in artificial gastric juice[J]. Biocontrol Science，2016，21（1）：51-56.

[5] LIANG H，YIN L，ZHANG Y，et al. Dynamics and diversity of a microbial community during the fermentation of industrialized Qingcai paocai，a traditional Chinese fermented vegetable food，as assessed by Illumina MiSeq sequencing，DGGE and qPCR assay[J]. Annals of Microbiology，2018，68（2）：111-122.

[6] 陈玉勇，秦枫，唐劲松，等. 宁德酸豇豆工业化生产工艺研究[J]. 食品与机械，2014，30（6）：223-228.

[7] 刘楚岑，谭兴和，张春燕，等. 豇豆食品的开发现状与展望[J]. 中国酿造，2017，36（10）：13-16.

[8] LIU A，LI X，PU B，ET AL. Use of psychrotolerant lactic acid bacteria（Lactobacillus spp. and Leuconostoc spp.）isolated from Chinese traditional paocai for the quality improvement of paocai products[J]. Journal of Agricultural and Food Chemistry，2017，65（12）：2580-2587.

[9] 赵楠. 四川泡菜的主要特性及其成因分析[D]. 无锡：江南大学，2017：4-5.

[10] 梁莉，杜阿如娜，马涛，等. 低盐豇豆泡菜预处理工艺优化及贮藏特性分析[J]. 食品科学，2018，39（6）：246-251.

[11] 何鹏晖，钱杨，王猛，等. 腐败发酵蔬菜中产膜醭细菌的分离鉴定及其生长特性分析[J]. 食品科学，2017，38（10）：92-97.

[12] 刘洪，车振明，陈坤，等. 人工接种与自然发酵泡豇豆的质地研究[J]. 食品工业科技，2012，33（14）：111-115.

[13] 郑永娜，赵勇，王菁蕊，等. 马奶酒样乳杆菌 ZW3 在豇豆发酵中的应用[J]. 食品研究与开发，2014，35（18）：361-365.

[14] 刘志文，袁伟静，张三燕，等. 三江镇腌菜中降解亚硝酸盐乳酸菌的筛选和初步鉴定[J]. 食品科学，2012，33（1）：166-169.

[15] VANHOUTTE T，DE P V，DE B E，et al. Molecular monitoring of the fecal microbiota of healthy human subjects during

administration of lactulose and saccharomyces boulardii[J]. Applied &Environmental Microbiology, 2006, 72 (9): 5990-5997.
[16] 武俊瑞，王晓蕊，唐筱扬，等. 辽宁传统发酵豆酱中乳酸菌及酵母菌分离鉴定[J]. 食品科学，2015，36（9）：78-83.
[17] 王玉荣，张俊英，潘婷，等. 籼米米酒和糯米米酒品质的评价[J]. 食品与发酵工业，2017，43（1）：186-191.
[18] 杨成聪，刘丹丹，葛东颖，等. 基于气相色谱-质谱联用技术结合电子鼻评价浸米时间对黄酒风味品质的影响[J]. 食品与发酵工业，2018，44（8）：265-270.
[19] 陈丽萍，徐茂琴，何红萍，等. 应用 PEN3 型电子鼻传感器快速检测食源性致病菌[J]. 食品科学，2014，35（8）：187-192.

（文章发表于《中国食品添加剂》，2019 年 30 卷 2 期）

第 3 章　恩施市腌制蔬菜制品微生物多样性解析

3.1　恩施市腌芥菜细菌多样性解析

恩施土家族苗族自治州是由齐跃山脉、巫山山脉和武陵山脉等组成的山地，全州水资源丰富、森林覆盖率高达 71.2%，境内生活着汉族、土家族和苗族等 27 个民族，有着制作和食用发酵蔬菜的习俗[1-2]。该地生产的腌菜主要以芥菜为原料，采用传统手工技术将芥菜头和部分芥菜叶露天晾晒至七成干后切丁加适量盐入坛腌渍而成。特殊的地理环境、开放的生产条件以及传统的制作技术使得腌菜成品中保留了多种由环境和原料等因素引入的微生物。近年来研究人员对腌菜的微生物多样性进行了初步解析，张奶英等[3]采用变性梯度凝胶电泳技术（Denaturing Gradient Gel Electrophoresis，DGGE）对四川叶用芥菜盐渍过程中微生物多样性进行了研究，发现其中优势菌为盐单胞菌（*Halomonas* sp.）、酿酒酵母（*Saccharomy cescerevisiae*）和粘性红圆酵母（*Rhodotorula mucilaginosa*）；邓元源等[4]从福建省农家自制腌菜中分离出 3 株乳酸菌，经鉴定分别为短乳杆菌（*Lactobacillus brevi*）、发酵乳杆菌（*Lactobacillus fermentum*）和植物乳杆菌（*Lactobacillus plantarum*）；林亲录等[5]从湖南省传统发酵芥菜中分离出 10 株乳酸菌菌株，通过初步鉴定将其鉴定为乳杆菌属（*Lactobacillus*），然而目前关于恩施地区腌菜中微生物多样性的研究报道尚少。

高通量测序技术（high-throughput sequencing，HTS）具有操作简单、通量高和检测速度快的特点，且一次可对多个样本进行平行分析[6]，但因扩增引物通用性高，导致专门针对某一个种属的微生物群落进行研究时其适用性较差[7]。在使用种属特异性引物扩增 16s rRNA 多变区基因序列的基础上，使用 DGGE 技术可以完成肠道等复杂基质中乳酸菌菌群群落结构的研究工作[8]，具有操作简单易行、灵敏度高和可检测到一个核苷酸水平的差异等优点[9]。由此可见，将高通量测序和 DGGE 技术相结合进行发酵食品多样性解析是可行的，且在窖泥[10]、豆酱[11]和肠道[12]细菌多样性解析方面已得到了广泛应用。

因此，本研究采用 MiSeq 高通量测序与 DGGE 指纹图谱技术相结合的方法对采集自恩施土家族苗族自治州的腌菜中细菌多样性进行了分析，并采用稀释涂布平板法对其中所含乳酸菌进行了分离鉴定与保藏，为后续腌菜的产业化发展提供菌株支持。

3.1.1 材料与方法

1. 材料与试剂

腌菜样品：采自恩施舞阳坝菜市场，3 份，编号分别为 YC01、YC02 和 YC03，每份分装两管。

聚丙烯酰胺、尿素、N,N-亚甲基二丙烯酰胺、四甲基乙二胺、过硫酸铵、乙醇、冰醋酸、甲醛、硝酸银、碳酸钙、丙三醇、过氧化氢、三氯甲烷、氯化钠、三羟甲基氨基甲烷、乙二胺四乙酸二钠、乙酸钙、十二烷基硫酸钠、酚、氯仿、异戊醇、醋酸钠（均为分析纯）：国药集团化学试剂有限公司；Axygen 清洁试剂盒：北京科博汇智生物科技发展有限公司；溶菌酶（400 U/μg）、蛋白酶 K（20 U/μg）、dNTP mix、10×聚合酶链式反应（Polymerase Chain Reaction，PCR）Buffer、rTaq 酶（5 U/μL）、pMD18-T vector 和 Solution I：宝生物工程（大连）有限公司；10×Loading buffer、DL2000 脱氧核糖核酸（deoxyribonucleic acid，DNA）Marker：宝日医生物技术（北京）有限公司；2×PCR mix：南京诺唯赞生物科技有限公司；QIAGEN DNeasy mericon Food Kit 提取试剂盒：德国 QIAGEN 公司。

MRS 培养基：青岛海博生物技术有限公司。

高通量测序引物：正向引物 338F（5'-ACTCCTACGGGAGGCAGCA-3'）；反向引物 806R（5'-GGACTACHVGGGT-3'）。

带有 GC 夹子的 PCR-DGGE 正向引物 Lac-GC-V_3F

（5’-CGCCCGGGGCGCGCCCCGGGCGGCCCGGGGGCACCGGGGGACTCCTACGGGAGGCAGCAGT-3’），不带 GC 夹子的 PCR-DGGE 正向引物 Lac-V_3F(5’-ACCGGGGGACTCCTACGGGAGGCAGCAGT-3’)和 PCR-DGGE 反向引物 Lac-V_3R（5’-GTATTACCGCGGCTGCTGGCAC-3’）。

乳酸菌 PCR 扩增引物：正向引物 27F（5’-AGAGTTTGATCCTGGCTCAG-3’）；反向引物 1495R（5’-CTACGGCTACCTTGTTACGA-3’）。

验证阳性克隆引物：正向引物 M13F（5’-CGCCAGGGTTTTCCCAGTCACGAC-3’）和；反向引物 M13R（5’-GAGCGGATAACAATTTCACACAGG-3’）。

以上引物均由武汉天一辉远生物科技有限公司合成。

2. 仪器与设备

Veriti™96 孔梯度 PCR 扩增仪：美国 AB 公司；ND-2000C 微量紫外分光光度计：美国 Nano Drop 公司；DYY-12 水平电泳仪：北京市六一仪器厂；DCode™ System、UV PCDS8000 凝胶成像分析系统：美国 BIO-RED 公司；Bio-5000 plus 扫描仪：上海中晶科技有限公司；DG250 厌氧工作站：英国 DWS 公司；5810R 台式高速冷冻离心机：德国 Eppendorf 公司；ECLIPSE Ci 生物显微镜：日本 Nikon 公司。

3. 方　法

（1）基因组 DNA 提取

使用 DNA 提取试剂盒，按照试剂盒使用说明提取样品基因组 DNA，然后用微量紫外分光光度计检测其浓度和纯度。

（2）细菌多样性分析

PCR 扩增及测序：16s rRNA V_3 ~ V_4 区。PCR 扩增体系为 5 × FastPfu Buffer 4.0 μL，2.5mmol/L 脱氧核糖核苷三磷酸（deoxy-ribonucleoside triphosphate，dNTP）mix 2.0 μL，5 μmol/L 的正（338F）反（806R）引物各 0.8 μL，r*Taq* 酶 0.4 μL，DNA 模板 10 ng，双蒸水（ddH_2O）补齐至 20 μL。PCR 扩增程序为 95 °C 预变性 3 min；95 °C 变性 30 s，55 °C 退火 30 s，72 °C 延伸 45 s，30 次循环；72 °C 再延伸 10 min[13]。扩增产物用 1.0%的琼脂糖凝胶电泳检测合格后寄至上海美吉生物医药科技有限公司进行 MiSeq 高通量测序。

序列质量控制：参照文献[14]中的方法对下机后的序列进行拼接和质量控制，对合格的序列进行下一步分析。

序列分析：参照 CAPORASO J G 等[15-16]的方法使用 QIIME 数据分析平台对质控后的序列分别以 100%和 97%的相似度进行序列划分，从每个操作分类单元（Operational Taxonomic Units，OTU）中选择一条代表性序列与 Greengenes 和 RDP 数据库进行比对，统计各分类水平信息。

（3）乳酸菌指纹图谱分析

PCR 扩增：将各样品基因组 DNA 浓度稀释至 20 ng/μL。PCR 扩增条件为 10×PCR Buffer（含 Mg^{2+}）2.5 μL，dNTP mix（2.5 mmol/L）2.0 μL，LacF-GC-V_3F（10 μmol/L）和 Lac-V_3R（10 μmol/L）各 0.5 μL，r*Taq* 酶 0.2 μL，DNA 模板 0.5 μL，用 ddH_2O 将体系补齐至 25 μL[17]。PCR 扩增程序为 94 °C 预变性 5 min；94 °C 变性 30 s，55 °C 退火 1 min，72 °C 延伸 90 s，30 个循环；72 °C 再延伸 10 min[18]。用 1.0%的琼脂糖凝胶电泳检测是否扩增出目的条带。

DGGE 检测：聚丙烯酰胺凝胶变性剂变性范围为 35%～52%，上样量为 10 μL，待 0.5×三羟甲基氨基甲烷-乙酸-乙二胺四乙酸（tris base-acetic acid-ethylene diamine tetra acetic acid，TAE）制成的缓冲溶液温度升至 60 °C 时，调节电压 120 V 运行 78 min，然后 80 V 维持 13 h。电泳结束后，待缓冲溶液冷却至室温采用银染法使凝胶显色。

条带回收测序：将显色后的凝胶置于扫描仪上扫描成像，标记特征条带并用手术刀切下分别置于无菌 EP 管中，添加 50 μL 无菌超纯水，4 °C 静置过夜，然后进行 PCR 扩增，PCR 扩增条件为 2×PCR mix 12.5 μL，引物 Lac-V_3F 和 Lac-V_3R 各 0.5 μL，DNA 模板 2.0 μL，无菌超纯水补齐至 25 μL。PCR 扩增程序及检测方法同上。参照樊哲新等[19]的方法对合格的 PCR 产物进行清洁、连接 pMD18-T 载体、转化大肠杆菌（*Escherichia coli*）Top10 以及鉴定阳性克隆。将阳性克隆寄至武汉天一辉远生物科技有限公司进行测序。将测回的序列用 DNAMAN 软件处理后置于美国国家生物技术信息中心（National Center of Biotechnology Information，NCBI）上进行比对，选取同源性较高的菌株，利用 MEGA 软件中的邻近法（Neighbor Joining，NJ）构建系统发育树。

（4）乳酸菌的分离鉴定

分离：采用稀释涂布平板法分别将 3 个样品稀释至 10^{-6} 和 10^{-7} 梯度，然后取 100 μL 稀释液涂布于含 1.0% $CaCO_3$ 的 MRS 琼脂培养基上，置于厌氧工作站中，37 °C 培养 48 h 后，挑选周围有透明圈的单菌落纯化 2～3 代，镜检合格后甘油保藏。

鉴定：对分离出的菌株进行革兰氏染色以及过氧化氢酶试验；参照文献[20]中的方法提取乳酸菌 DNA，然后以提取的 DNA 为模板进行 PCR 扩增，扩增条件和程序以及鉴定方法同（3）。

3.1.2 结果与分析

1. 细菌多样性分析

（1）序列丰富度分析

采用 MiSeq 高通量测序技术分析细菌多样性时在 100%相似度下共测得 42 954 条序列，平均每个样品 14 318 条序列；在 97%的相似度下又可将这些序列划分成 4 347 个 OTU，对平均相对含量＞0.1%的 OTU 进行分析，结果如图 3-1 所示。

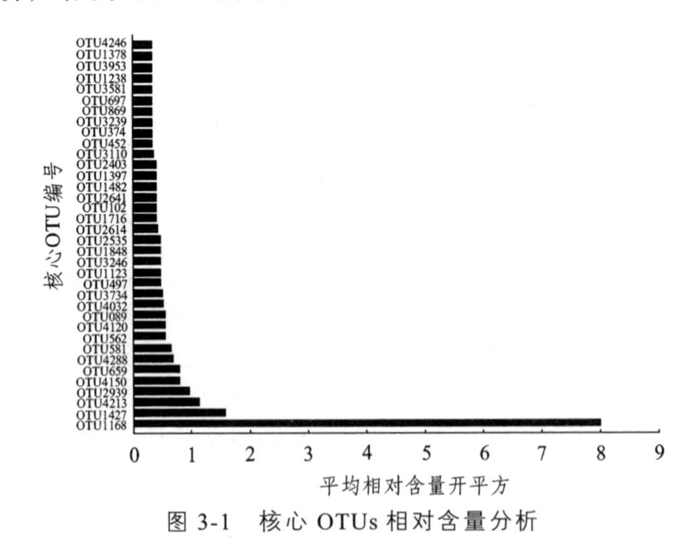

图 3-1 核心 OTUs 相对含量分析

由图 3-1 可知，平均相对含量＞0.1%的 OTU 有 36 个，其中 OTU1168、

OTU1427和OTU4213的平均相对含量明显高于其他OTU,且这3个OTU在腌菜样品YC01中的相对含量分别为71.16%、7.55%和0.33%；在腌菜样品YC02中的相对含量分别依次为68.40%、0和2.20%；在腌菜样品YC03中的相对含量分别为53.19%、0.08%和1.46%。将OTU1168的代表性序列分别在Greengenes和RDP数据库进行比对，均将该序列鉴定为乳酸杆菌属（*Lactobacillus*）。由此可见，恩施地区腌菜样品中存在大量共有细菌菌群，且乳酸杆菌可能为其优势细菌属。

（2）α多样性分析

在测序深度为28 910条序列的条件下，对腌菜样品YC01、YC02和YC03进行α多样性分析。YC01、YC02和YC03的超1（Chao1）指数分别为700、837和983，香农（Shannon）指数分别为2.98、2.42和4.34，由此可见，YC03中的细菌丰富度和多样性要高于YC01和YC02。

（3）优势菌相对含量分析

经比对发现，3个腌菜样品中共检测到了10个门、24个纲、43个目、72个科和120个属的细菌，所有样品仅有2.68%的序列不能鉴定到属水平。将平均相对含量＞0.1%的细菌门定义为优势菌门，优势菌门在各样品中的分布情况如图3-2所示。

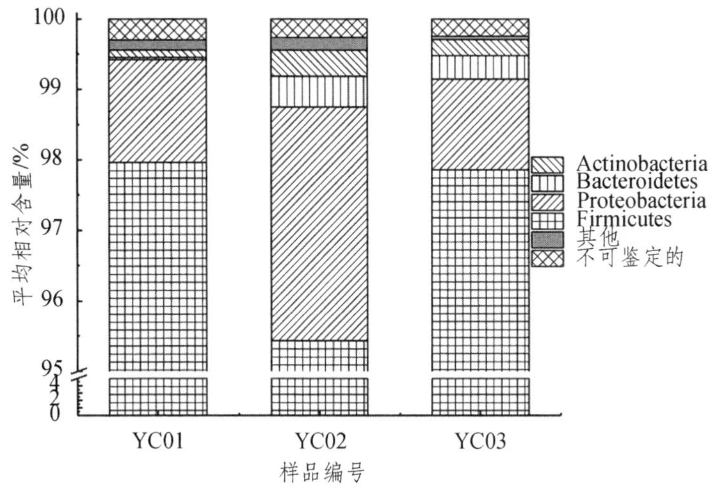

图3-2 优势细菌门相对含量分析

由图 3-2 可知，腌菜样品中优势细菌门为硬壁菌门（Firmicutes）、变形菌门（Proteobacteria）、拟杆菌门（Bacteroidetes）和放线菌门（Actinobacteria）。所有腌菜样品中含量最高的均为 Firmicutes，其平均相对含量高达 97.09%；其次为 Proteobacteria，平均相对含量为 2.02%。腌菜样品 YC01、YC02 和 YC03 中鉴定出的细菌属数量分别为 54 个、95 个和 73 个，各样品优势细菌属的相对含量如图 3-3 所示。

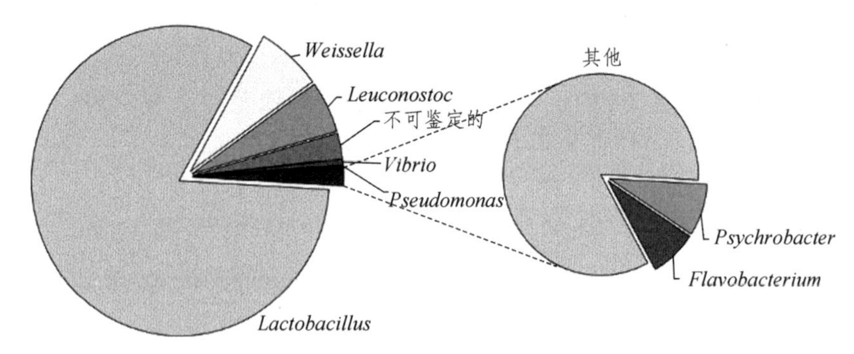

图 3-3　优势细菌属相对含量分析

由图 3-3 可知，平均相对含量 > 0.1%的优势细菌属有 7 个，即乳酸杆菌属（*Lactobacillus*）、魏斯氏菌属（*Weissella*）、明串珠菌属（*Leuconostoc*）、弧菌属（*Vibrio*）、假单胞菌属（*Pseudomonas*）、嗜冷杆菌属（*Psychrobacter*）和黄杆菌属（*Flavobacterium*），其平均相对含量分别为 82.37%、7.02%、5.38%、0.58%、0.27%、0.15%和 0.14%。王一淇等[21]通过采用纯培养计数的方法对湖南芥菜腌制发酵过程中的菌相变化规律进行了解析，结果表明乳酸杆菌属（*Lactobacillus*）在芥菜自然发酵的中期和后期都占主要优势，这与本研究结果有相似之处。

2. 乳酸菌指纹图谱分析

经高通量测序分析发现 *Lactobacillus* 在样品中的平均相对含量高达 82.37%，是恩施腌菜样品中平均相对含量最高的细菌属，本研究进一步采用 DGGE 指纹图谱技术对样品中 *Lactobacillus* 的种类及其在各样品间的差异进行研究，结果如图 3-4 所示。

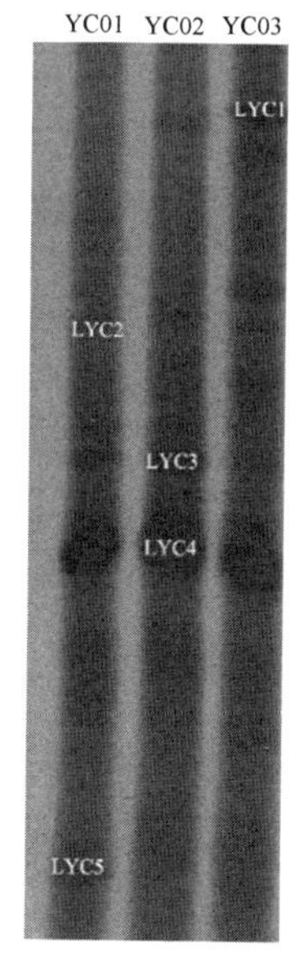

图 3-4 乳酸菌 DGGE 指纹图谱

由图 3-4 可知，在 DGGE 指纹图谱上每个样品都检测出数目不等的条带。其中条带 LYC3 和 LYC4 为腌菜样品中共有条带，而条带 LYC1 为腌菜样品 YC03 中特有条带，条带 LYC5 为腌菜样品 YC01 中特有条带，条带 LYC2 为腌菜样品 YC01 和 YC03 共有条带，这说明恩施腌菜中含有多种共有乳酸杆菌，同时各样品中也含有特有细菌菌群。腌菜样品 YC03 泳道中的条带数量及条带明亮度高于腌菜样品 YC01 和 YC02 泳道，说明腌菜样品 YC03 中的乳酸菌的丰度较腌菜样品 YC01 和 YC02 中的高，这与高通量测序结果一致。将回收的条带与 NCBI 中的模式株比对，结果如表 3-1 所示。

表 3-1 乳酸菌 PCR-DGGE 优势条带比对结果

条带编号	近源种	相似度/%	登录号
LYC1	*Lactobacillus sakei* ATCC 15521	99	AP017929
LYC2	*Lactobacillus insicii* TMW 1.2011	100	NR147740
LYC3	*Lactobacillus plantarum* subsp. *argentoratensis* JCM 16169	100	LC258153
LYC4	*Lactobacillus plantarum* subsp. *plantarum* ATCC 14917	100	AJ965482
LYC5	*Lactobacillus acetotolerans* JCM 3825	99	LC071813

由表 3-1 所知，回收的优势条带中有 4 条隶属于乳酸杆菌属，其中 LYC1 为清酒乳杆菌（*L. sakei*），LYC2 为 *L. insicii*，LYC3 为 *L. plantarum* subsp. *argentoratensis*，LYC4 为植物乳杆菌植物亚种（*L. plantarum* subsp. *plantarum*），LYC5 为耐酸乳杆菌（*L. acetotolerans*）。

3. 乳酸菌的分离鉴定

通过稀释涂布平板法从 3 个腌菜样品中分离出 15 株菌，编号分别为 YC01-1、YC01-2、YC01-3、YC01-4、YC02-1、YC02-2、YC02-3、YC02-4、YC02-5、YC03-1、YC03-2、YC03-3、YC03-4、YC03-5 和 YC03-6，经生理生化试验得出 15 株菌株革兰氏染色为阳性、过氧化氢酶试验检测为阴性，16s rRNA 鉴定序列与最似模式菌菌株的相似度均在 99%以上。乳酸菌菌株与模式株的进化关系如图 3-5 所示。

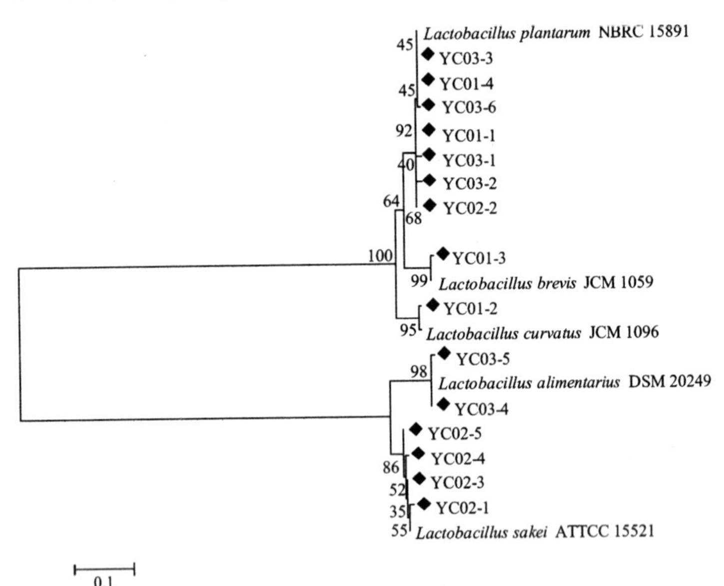

图 3-5 乳酸菌菌株基于 16s rRNA 序列构建的系统进化树

由图 3-5 可知，经鉴定及比对发现这些菌株主要为植物乳杆菌（*L. plantarum*）、短乳杆菌（*L. brevi*）、弯曲乳杆菌（*L. curvatus*）、食品乳杆菌（*L. alimentarius*）和清酒乳杆菌（*L. sakei*）。进一步对各菌株在样品中的分布进行统计，结果如表 3-2 所示。

表 3-2 各样品中乳酸菌菌株分布情况

样品编号	分离乳酸菌的株数/株				
	L. plantarum	*L. curvatus*	*L. brevi*	*L. sakei*	*L. alimentarius*
YC01	2	1	1	0	0
YC02	1	0	0	4	0
YC03	4	0	0	0	2

由表 3-2 可知，从腌菜样品 YC01 共分离出 4 株乳酸菌，经鉴定分别为 *L. plantarum*、*L. curvatus* 和 *L. brevi*；从腌菜样品 YC02 中共分离出 5 株乳酸菌，经鉴定分别为 *L. plantarum* 和 *L. sakei*；从腌菜样品 YC03 中分离出 6 株乳酸菌，经鉴定分别为 *L. plantarum* 和 *L. alimentarius*。由此可见，虽然 *Lactobacillus* 为腌菜样品中的优势菌，但乳酸杆菌的构成在样品间存在一定的差异。值得一提的是，腌菜样品 YC02 中的 5 株乳杆菌中有 4 株为 *L. sakei*，有研究表明该菌能产生多种细菌素，其中Ⅰ类、部分Ⅱa 和Ⅱb 类清酒乳杆菌细菌素均具有一定的抑菌作用[22]，这可能是导致腌菜样品 YC02 中细菌丰度低于其他样品的原因之一。此外，采用传统微生物学手段从样品中分离出 15 株隶属于 5 个种的乳酸菌，但未分离出 DGGE 检测到的 *L. insicii* 和 *L. acetotolerans*，这可能与微生物特殊生长需求以及培养条件的限制有关。

3.1.3 结 论

本研究采用 MiSeq 高通量测序和 DGGE 技术相结合的方法对采集自恩施地区的 3 份腌菜样品中细菌多样性进行了分析，MiSeq 高通量测序结果表明，腌菜样品中含量最高的优势细菌门为硬壁菌门（Firmicutes），优势细菌属为 *Lactobacillus*、*Weissella*、*Leuconostoc*、*Vibrio*、*Pseudomonas*、*Psychrobacter* 和 *Flavobacterium*，虽然 *Lactobacillus* 为恩施腌菜中的优势细菌属且平均相对含量高达 82.37%，但不同腌菜样品间乳酸菌的种类存在较大差异。

DGGE 测定结果表明，腌菜中含有 *L. sakei*、*L. insicii*、*L. plantarum* subsp. *argentoratensis*、*L. plantarum* subsp. *plantarum* 和 *L. acetotolerans*。

经稀释涂布平板法从腌菜中共分离到 15 株乳酸菌，包括 *L. plantarum*7 株、*L. alimentarius*2 株、*L. curvatus* 和 *L. brevi* 各 1 株以及 *L. sakei*4 株。

参考文献

[1] 张家其，王佳，吴宜进，等. 恩施地区生态足迹和生态承载力评价[J]. 长江流域资源与环境，2014，23（5）：603-604.

[2] 罗菊英，闫永才，李灿，等. 恩施自治州气候资源分析及旅游适宜性区划[J]. 长江流域资源与环境，2013，22（s1）：39-45.

[3] 张奶英，刘书亮，罗松明，等. 叶用芥菜盐渍过程中微生物群落分析[J]. 食品工业科技，2014，35（13）：147-151.

[4] 邓元源，刘芸，刘欣，等. 福建省腌菜中乳酸菌的分离与鉴定[J]. 食品安全质量检测学报，2018，9（3）：481-490.

[5] 林亲录，何煜波，谭兴和，等. 传统芥菜发酵制品中优势乳酸菌种的分离鉴定[J]. 食品科学，2003，24（6）：69-71.

[6] CAPORASO J G，LAUBER C L，WALTERS W A，et al. Ultra-high-throughput microbial community analysis on the Illumina HiSeq and MiSeq platforms[J]. The ISME Journal，2012，6（8）：1621-1624.

[7] SCHIRMER M，IJAZ U Z，D'AMORE R，et al. Insight into biases and sequencing errors for amplicon sequencing with the Illumina MiSeq platform[J]. Nucleic Acids Research，2015，43（6）：e37.

[8] HEILIG H G，ZOETENDAL E G，VAUGHAN E E，et al. Molecular diversity of Lactobacillus spp. and other lactic acid bacteria in the human intestine as determined by specific amplification of 16s ribosomal DNA[J]. Applied and Environmental Microbiology，2002，68（1）：114-123.

[9] BELLO F D，WALTER J，HAMMES W P，et al. Increased complexity of the species composition of lactic acid bacteria in

human feces revealed by alternative incubation condition[J]. Microbial Ecology，2003，45（4）：455-463.

[10] 黄莹娜，熊小毛，胡远亮，等. 基于 PCR-DGGE 和高通量测序分析白云边酒窖泥细菌群落结构与多样性[J]. 微生物学通报，2017，44（2）：375-383.

[11] 张颖，乌日娜，孙慧君，等. 豆酱不同发酵阶段细菌群落多样性及动态变化分析[J]. 食品科学，2017，38（14）：30-35.

[12] ZWIELEHNER J，LASSL C，HIPPE B，et al. Changes in human fecal microbiota due to chemotherapy analyzed by TaqMan-PCR，454 sequencing and PCR-DGGE fingerprinting[J]. PLOS ONE，2011，6（12）：e28654.

[13] MARÃ A J，LLANOS M. Occurrence of biogenic amine-forming lactic acid bacteria during a craft brewing process[J]. LWT-Food Science and Technology，2017，85（9）：129-136.

[14] 王玉荣，孙永坤，代凯文，等. 基于单分子实时测序技术的 3 个当阳广椒样品细菌多样性研究[J]. 食品工业科技，2018，39（2）：108-112.

[15] CAPORASO J G，KUCZYNSKI J，STOMBAUGH J，et al. QIIME allows analysis of high-throughput community sequencing data[J]. Nature Methods，2010，7（4）：335-336.

[16] EDGAR R C. Uparse：Highly accurate OTU sequences from microbial amplicon reads[J]. Nature Methods，2013，10（10）：996-998.

[17] TOM V，VICKY D P，EVIE D B，et al. Molecular monitoring of the fecal microbical of healthy human subjects during administration of lactulose and saccharomyces boulardii[J]. Environmental Microbiology，2006，72（9）：5990-5997.

[18] 夏围围，贾仲君. 高通量测序和 DGGE 分析土壤微生物群落的技术评价[J]. 微生物学报，2014，54（12）：1489-1499.

[19] 樊哲新，李宝坤，李开雄，等. 传统分离培养结合 DGGE 技术研究新疆传统发酵酸驼乳中乳酸菌的多样性[J]. 中国食品学报，2015，15（4）：208-217.

[20] BURGMANN H, PESARO M, WIDMER F, et al. A strategy for optimizing quality and quantity of DNA extracted from soil[J]. Journal of Microbiological Methods, 2001, 45(1): 7-20.

[21] 王一淇，李宗军. 湖南芥菜腌制发酵过程中的菌相变化规律[J]. 食品科学，2014，35（11）：200-203.

[22] 姜洁，施波，方佳琪，等. 清酒乳杆菌细菌素研究的现状及展望[J]. 中国微生态学杂志，2011，23（3）：268-271.

（文章发表于《中国酿造》，2018 年 37 卷 11 期。）

3.2 恩施市梅干菜细菌多样性解析

梅干菜又称梅菜，是以雪里蕻、芥菜或油菜为主要原料，经挑选、去根、清洗、除水、腌制和干制等传统工艺制作而成的特色发酵蔬菜[1]。采用传统方法生产梅干菜时，制作环境相对开放，使得梅干菜中的微生物丰富且多样。然而，目前对梅干菜的研究多集中于风味物质和微量元素测定[2-3]、抑菌和抗氧化能力分析[4-5]以及工艺优化[6]等方面，有关其中微生物群落结构及多样性的研究鲜见报道。

由于某些微生物的特殊生长需求及培养条件的限制，基于纯培养的传统微生物学手段只能将样品中 < 1%的微生物分离出来，而非培养技术的出现对于这个问题的解决提供了很好的帮助[7]。近年来，以 Illumina MiSeq 为代表的高通量测序技术发展迅速，为分析生境菌群多样性提供了有力手段，该技术无需对样品中微生物进行分离纯化，可直接对样本基因组脱氧核糖核酸（deoxyribonucleic acid，DNA）进行分析，能够快速、直接和真实地反映菌群物种丰度及差异[8-9]。

本研究采用 PCR-DGGE 和 Illumina MiSeq 相结合的手段对采集自恩施地区的梅干菜样品中细菌多样性进行了解析，同时采用传统微生物学手段对其中所含乳酸菌进行了分离鉴定，以期为恩施地区梅干菜中微生物菌种资源的发掘与保护提供一定理论依据。

3.2.1 材料与方法

1. 材料与试剂

梅干菜 MGC01、MGC02 和 MGC03：主要原料为雪里蕻。于 2017 年 12 月采集自湖北省恩施地区土桥坝菜市场。

氢氧化钠、碳酸钙、过氧化氢、三氯甲烷、氯化钠、三羟甲基氨基甲烷、乙二胺四乙酸二钠、乙酸钙、十二烷基硫酸钠、酚、氯仿、异戊醇、溴化十六烷基三甲铵（cetyltrimethyl ammonium bromide，CTAB）和醋酸钠（均为分析纯）：国药集团化学试剂有限公司；MRS 培养基：青岛海博生物技术有限公司；Axygen 清洁试剂盒：北京科博汇智生物科技发展有限公司；10 × PCR Buffer、脱氧核糖核苷三磷酸（deoxyribonucleoside triphosphate，dNTP）mix、DNA 聚合酶（5 U/μL）、溶菌酶（400 U/μg）、蛋白酶 K（20 U/μg）、pMD18-T vector 和 Solution I：宝生物工程（大连）有限公司；6 × Loading buffer、DL500 和 DL2000 DNA Marker：宝日医生物技术（北京）有限公司；2 × PCR mix：南京诺唯赞生物科技有限公司；QIAGEN DNeasy mericon Food Kit 提取试剂盒：德国 QIAGEN 公司；引物均由武汉天一辉远生物科技有限公司合成，各引物信息如表 3-3 所示。

表 3-3 实验所用各引物序列信息

引物名称	序列（5'-3'）	参考文献
338F	ACTCCTACGGGAGGCAGCA	[10]
806R	GGACTACHVGGGT	
27F	AGAGTTTGATCCTGGCTCAG	[11]
1495R	CTACGGCTACCTTGTTACGA	
M13F（-47）	CGCCAGGGTTTTCCCAGTCACGAC	[12]
M13R（-48）	GAGCGGATAACAATTTCACACAGG	

注：“F”表示正向引物；“R”表示反向引物。

2. 仪器与设备

HR40-IIB2 生物安全柜：青岛海尔特种电器有限公司；Veriti^{TM} 96

孔梯度 PCR 扩增仪：美国 AB 公司；DYY-12 水平电泳仪：北京市六一仪器厂；ND-2000C 微量紫外分光光度计：美国 Nano Drop 公司；LRH-70 生化培养箱：上海一恒科技有限公司；DG250 厌氧工作站：英国 DWS 公司；5810R 台式高速冷冻离心机：德国 Eppendorf 公司；ECLIPSE Ci 生物显微镜：日本 Nikon 公司；UV PCDS8000 凝胶成像分析系统：美国 BIO-RAD 公司。

3. 方　法

（1）宏基因组 DNA 提取

参照 QIAGEN DNeasy mericon Food Kit 提取试剂盒中的方法提取梅干菜样品宏基因组 DNA,并用微量紫外分光光度计检测 DNA 纯度及浓度。

（2）基于 MiSeq 高通量测序技术的梅干菜细菌多样性评价

细菌 16s rRNA 扩增及测序：以微生物宏基因组 DNA 为模板进行 PCR 扩增。扩增体系为 5 × FastPfu Buffer 4 μL、2.5 mmol/L dNTP mix 2 μL、5 μmol/L 的正/反引物（338F/806R）各 0.8 μL、5 U/μL r*Taq* 0.4 μL、DNA 模板 10 ng，双蒸水（ddH_2O）补充至 20 μL[13]。PCR 扩增条件为 95 °C、3 min；95 °C、30 s，55 °C、30 s，72 °C、45 s，循环 30 次；72 °C 再延伸 10 min。PCR 扩增产物经 1.0%的琼脂糖凝胶电泳检测合格后寄至上海美吉生物医药科技有限公司进行 MiSeq 高通量测序。

质量控制：对测回的序列进行拼接，拼接时去除重叠区域碱基数 > 10 bp、最大错配率 > 0.2 和样品特异性条形码（barcode）或引物碱基错配的序列，拼接后依据 barcode 信息将序列划分至各样品中以备后续分析[10]。

数据分析：使用 QIIME 数据分析平台，参照 CAPORASO J G 等[14-15]的方法对质控后的序列进行分析。首先以 97%相似度划分操作分类单元（Operational Taxonomic Units，OTU），然后利用 Greengenes 和 RDP 数据库进行同源性比对，统计各分类水平上细菌多样性。

（3）梅干菜中乳酸菌菌株的分离鉴定

乳酸菌分离纯化：采用稀释涂布平板法将样品稀释液涂布于含

1.0% ~ 1.2%碳酸钙的 MRS 琼脂培养基上，37 °C 厌氧培养 48 h 后挑选周围有透明圈的单菌落进行纯化，将革兰氏染色阳性和过氧化氢酶阴性的纯种菌株用 30%的甘油进行菌种保藏。

乳酸菌 DNA 提取与鉴定：采用 CTAB 法[16]提取纯化菌株的 DNA，然后以提取的 DNA 为模板进行 PCR 扩增（除 PCR 扩增所需引物为 27F 和 1495R 外，PCR 扩增体系和条件均与（2）相同）、琼脂糖凝胶电泳检测、产物清洁、连接 PMD18-T 载体并转化至大肠杆菌（*Escherichia coli*）Top10，挑取阳性克隆子送至南京金斯瑞生物科技有限公司进行测序。将测序公司返回的序列进行拼接并去除正反引物后置于美国国立生物技术信息中心（National Center for Biotechnology Information，NCBI）上进行同源性比对，使用 Mega 7.0 中的邻近法（Neighbor-Joining，NJ）法构建系统发育树。

（4）数据处理

使用折线图评判本研究测序深度是否合适，使用维恩（Venn）图显示不同样品中共有或特有的 OTU 及序列数，使用柱状图展示不同样品中各门和属水平细菌种类和含量，使用系统发育树展现不同菌株间进化关系。折线图和柱状图使用 Origin2017 软件绘制。Venn 图由 Venny2.1.0 在线绘制，系统发育树由 Mega 7.0 绘制。

3.2.2 结果与分析

1. 基于 MiSeq 高通量测序技术的梅干菜细菌多样性评价

高通量测序技术具有通量高、检测速度快等优点，可更加准确、真实地反映样本中微生物群落结构的组成。因此，首先使用 MiSeq 高通量测序技术对样品中细菌在门、纲、目、科和属各水平上的分类数量进行统计，然后利用超 1 指数和香农指数对其物种丰度和多样性进行分析，结果如表 3-4 所示。

由表 3-4 可知，样品 MGC01、MGC02 和 MGC03 经质控合格后的序列分别为 25 534 条、27 773 条和 36 858 条，在 97%的相似度下划分的 OTU 数分别为 3 545 个、2 528 个和 4 689 个。当测序量为 23 610 条时，样品 MGC01、MGC02 和 MGC03 的超 1 指数分别为 1 860、1 613 和 2 362，

香农指数分别为 7.02、5.79 和 7.73，其中 MGC03 的超 1 指数和香农指数值均最大，因而样品 MGC03 中细菌丰度和多样性均高于 MGC01 和 MGC02。进一步对测序深度是否能捕获细菌多样性信息进行了分析，结果如图 3-6 所示。

表 3-4　样品测序结果及各分类地位数量

样品编号	序列数/条	OTU 数/个	门/个	纲/个	目/个	科/个	属/个	超 1。指数	香农指数
MGC01	25 534	3 545	13	22	47	92	186	1 860	7.02
MGC02	27 773	2 528	9	18	38	74	149	1 613	5.79
MGC03	36 858	4 689	10	18	37	80	148	2 362	7.73

注：超 1 指数和香农指数均在测序量为 23 610 条序列时计算所得。

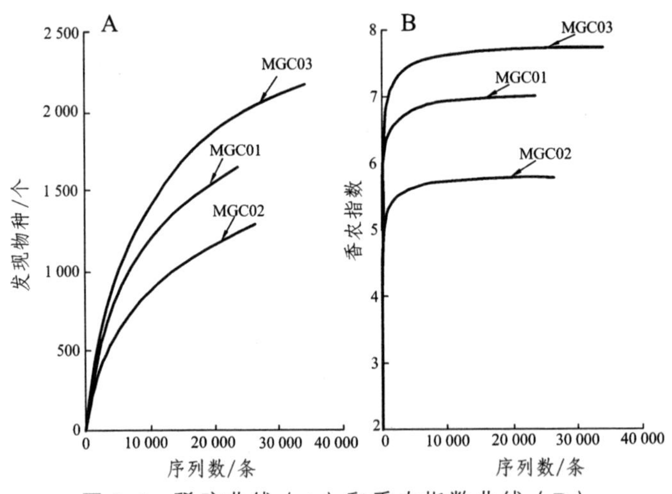

图 3-6　稀疏曲线（A）和香农指数曲线（B）

由图 3-6 可知，当序列数达到 30 000 条时，稀疏曲线随序列数的增加而增加，而香农指数曲线在 > 10 000 条序列时就已经进入平台期，说明随着测序深度的增加可能还会有新的物种被发现但样品中微生物多样性不会再增加。由此可见，本研究的测序深度是足以满足后续数据分析要求的。本研究进一步对各样品特有及样品间共有 OTU 数及序列数进行了分析，结果如图 3-7 所示。

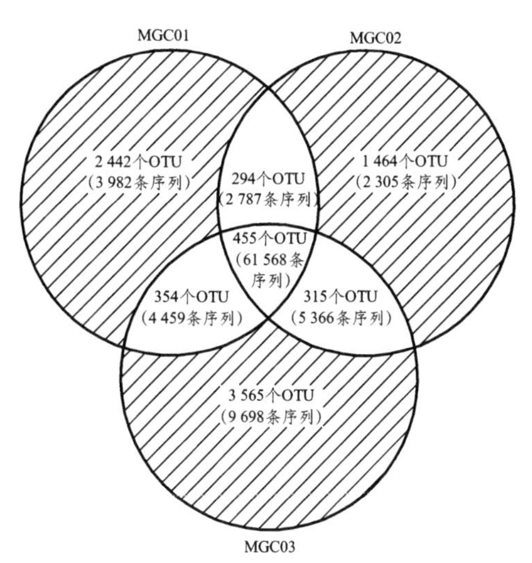

图 3-7　各样品 OTU 数及序列数 Veen 图

由图 3-7 可知，样品 MGC01、MGC02 和 MGC03 中特有的 OTU 分别为 2 442 个、1 464 个和 3 565 个，所包含序列数分别为 3 982 条、2 305 条和 9 698 条。样品 MGC01 和 MGC02 共有 OTU 数为 294 个，样品 MGC02 和 MGC03 共有 OTU 数为 315 个，样品 MGC01 和 MGC03 共有 OTU 数为 354 个；3 个梅干菜样品共有 OTU 数为 455 个，其所包含的序列为 61 568 条，占总序列数的 68.28%。由此可见，恩施地区梅干菜样品中含有丰富的细菌物种且各样品间存在大量共有细菌菌群。

样品 MGC01、MGC02 和 MGC03 中所含细菌门的数量分别为 13 个、9 个和 10 个，包含细菌属的数量分别为 186 个、149 个和 148 个，本研究将相对丰度 > 1.0%的细菌门和属定义为优势细菌门和属，并对其平均相对含量进行分析，结果如图 3-8 所示。

由图 3-8 可知，恩施地区产梅干菜样品中的优势细菌门分别为硬壁菌门（Firmicutes）、变形菌门（Proteobacteria）、蓝细菌门（Cyanobacteria）和放线菌门（Actinobacteria），其平均相对含量分别为 60.70%、23.28%、11.16%、2.76%；优势细菌属主要为乳酸杆菌属（*Lactobacillus*）、假单胞菌属（*Pseudomonas*）、葡萄球菌（*Staphylococcus*）、魏斯氏菌属（*Weissella*）、鞘脂单胞菌属（*Sphingomonas*）、嗜冷杆菌属（*Psychrobacter*）、四联球菌属（*Tetragenococcus*）和棒状杆菌属（*Corynebacterium*），其平均相对含量分别为 60.50%、8.69%、2.86%、

1.73%、1.28%、1.07%、1.03%和 1.00%。值得一提的是，仍有 7.40%的序列不能鉴定到属水平，这进一步说明恩施地区梅干菜样品中细菌多样性较高。

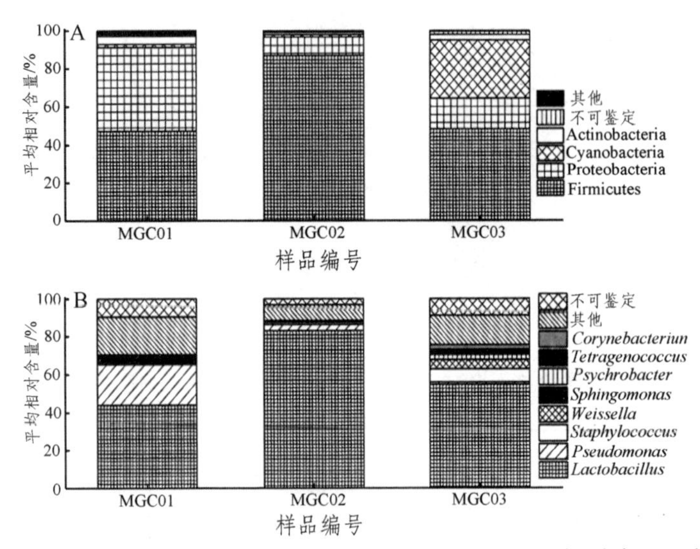

图 3-8 梅干菜样品中优势细菌门（A）和属（B）相对含量分析

2. 梅干菜中乳酸菌菌株的分离鉴定

在使用高通量测序技术解析发现梅干菜中的细菌主要以乳酸菌为主的基础上，本研究进一步采用传统微生物学手段从 3 个梅干菜样品中分离得到 12 株疑似乳酸菌，编号分别为 MGC01-1、MGC01-2、MGC01-3、MGC01-4、MGC02-1、MGC02-2、MGC02-3、MGC02-4、MGC03-1、MGC03-2、MGC03-3 和 MGC03-4，疑似乳酸菌与其近源种模式株的系统发育树如图 3-9 所示。

由图 3-9 可知，菌株 MGC03-3、MGC01-3、MGC01-4、MGC02-1、MGC02-2、MGC02-3 和 MGC02-4 与 *L. plantarum* NBRC 15891 在同一个进化分枝中，亲缘关系较近，故将其判定为植物乳杆菌（*L. plantarum*），同理，将菌株 MGC03-1 鉴定为副干酪乳杆菌副干酪亚种（*L. paracasei* subsp. *paracasei*），菌株 MGC01-1 鉴定为融合魏斯氏菌（*W. confusa*），菌株 MGC03-2 鉴定为食品乳杆菌（*L. alimentarius*），菌株 MGC01-2 和 MGC03-4 鉴定为短乳杆菌（*L. brevis*）。

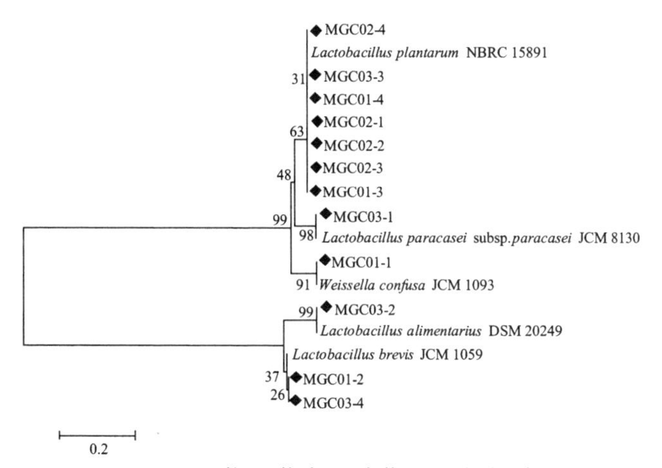

图 3-9　梅干菜中乳酸菌系统发育树

3.2.3　结　论

本研究通过 Illumina MiSeq 高通量测序和传统纯培养技术对恩施地区梅干菜中细菌多样性进行了解析，MiSeq 高通量测序结果表明，恩施地区产梅干菜样品中的优势细菌门分别为 Firmicutes、Proteobacteria、Cyanobacteria 和 Actinobacteria，优势细菌属主要为 *Lactobacillus*、*Pseudomonas*、*Staphylococcus*、*Weissella*、*Sphingomonas*、*Psychrobacter*、*Tetragenococcus* 和 *Corynebacterium*。经稀释涂布平板法从梅干菜中共分离到 12 株乳酸菌，包括 *L. plantarum*7 株、*L. brevis* 2 株、*L. paracasei* subsp. *Paracasei*、*W. confusa* 和 *L. alimentarius* 各 1 株。

参考文献

[1] HUANG S，HUANG M，FENG B. Antioxidant activity of extracts produced from pickled and dried mustard（*Brassica juncea Coss*. Var. *foliosa Bailey*）[J]. International Journal of Food Properties，2012，15（2）：374－384.

[2] 程玥，徐晓兰，张宁，等. 同时蒸馏萃取－气质联用分析三全梅菜扣肉的挥发性风味成分[J]. 食品科学，2013，34(12)：

147 - 150.

[3] 卓莉，刘良凤，阮尚全. 原子吸收光谱法测定梅干菜中微量元素的含量[J]. 安徽农业科学，2009，37，30（21）：9836 - 9836.

[4] 黄师荣，李豪杰，戴杰辉，等. 九头芥梅干菜提取物抗菌活性及其在猪肉保鲜中的应用[J]. 现代食品科技，2014，30（10）：58 - 62.

[5] 沈清，楼乐燕，尹培，等. 五种梅干菜的酚类化合物及抗氧化能力比较分析[J]. 食品科学，2017，38（18）：1 - 11.

[6] 黄苇，赵玲华，李远志，等. 梅菜漂洗及脱盐工艺参数优选[J]. 中国调味品，2009，34（6）：80 - 82.

[7] 杨翠，李祖明. 分子生物学技术在肠道微生物研究中的应用进展[J]. 中国微生态学杂志，2017，29（2）：229 - 233.

[8] 曹荣，张井，孟辉辉，等. 高通量测序与传统纯培养方法在牡蛎微生物群落分析中的应用对比[J]. 食品科学，2016，37（24）：137 - 141.

[9] 赵慧君，沈馨，董蕴，等. 襄阳大头菜腌制液生物膜真菌多样性研究[J]. 中国调味品，2017，42（12）：61 - 65.

[10] 沈馨，尚雪娇，董蕴，等. 基于 MiSeq 高通量测序技术对 3 个孝感凤窝酒曲细菌多样性的评价[J]. 中国微生态学杂志，2018，30（5）：525 - 544.

[11] 张会敏，李天婵，孙美青，等. 利用非培养技术初步研究古井贡酒窖泥细菌群落结构[J]. 食品工业科技，2014，35（13）：200 - 206.

[12] OKA K，ASARI M，OMURA T，et al. Genotyping of 38 insertion/deletion polymorphisms for human identification using universal fluorescent PCR[J]. Molecular and Cellular Probes，2014，28（1）：13 - 18.

[13] 蔡丽云，黄泽彬，须子唯，等. 处理垃圾渗滤液的 SBR 中微生物种群与污泥比阻[J]. 环境科学，2018，39（2）：880 - 888.

[14] CAPORASO J G，KUCZYNSKI J，STOMBAUGH J，et al. QIIME allows analysis of high - throughput community

sequencing data[J]. Nature Methods，2010，7（4）：335－336.

[15] EDGAR R C. Uparse：Highly accurate OTU sequences from microbial amplicon reads [J]. Nature Methods，2013，10（10）：996-998.

[16] SUN X M，CHEN X，DENG Z X，et al. A CTAB-assisted hydrothermal orientation growth of ZnO nanorods[J]. Materials Chemistry & Physics，2003，78（1）：99-104.

（文章发表于《中国酿造》，2019 年 38 卷 1 期）

第 4 章　恩施市发酵酒制品微生物多样性解析

4.1　恩施市米酒细菌多样性解析

近年来，由于传统微生物学培养方法耗时长和工作量大，更快更便捷的分子生物学手段逐渐被人们所开发利用。变性梯度凝胶电泳（Denatured Gradient Gel Electrophoresis，DGGE）是一种用来研究各种环境中微生物群落结构演化的技术，也是一种识别和分类微生物的工具[8]，广泛应用于醋[9]、白酒[10]、干酪[11]、腌菜[12]和牛肉[13]微生物群落结构的揭示。较之其他二代高通量测序技术，Illumina MiSeq 平台获得的高通量序列可以降低成本并增加了每个样品的测序深度，同时具有测序量大和精确度高等特点[14]，目前在水质监测[15]、植物饲料[16]、发酵食品[17]、土壤环境[18]和动物肠道[19]微生物多样性解析领域有着广泛的应用。

本研究以采集自湖北恩施土家族苗族自治州的米酒为研究对象，采用 DGGE 与 MiSeq 高通量测序相结合的手段对其微生物多样性进行了研究，同时对蕴藏的乳酸菌进行了分离鉴定。通过本研究的开展，在对恩施地区米酒中细菌进行全面解析的同时，亦可为米酒的产业化生产提供一定的理论支持。

4.1.1　材料与方法

1. 材料与试剂

米酒：采集自湖北省恩施土家族苗族自治州的农户家中，所有样品均为传统自然发酵且处于发酵后期。

三羟甲基氨基甲烷、乙酸、乙二胺四乙酸、丙烯酰胺、甲叉双丙烯酰胺、去离子甲酰胺、尿素、过硫酸铵、四甲基乙二胺、乙醇、冰乙酸、甲醛、硝酸银、氢氧化钠、碳酸钙：国药集团化学试剂有限公司；MRS合成培养基：青岛海博生物技术有限公司；QIAGEN DNeasy mericon Food Kit宏基因组提取试剂盒：德国QIAGEN公司；DNA marker、PCR清洁试剂盒：京科博汇智生物科技发展有限公司；2PCR × mix：南京诺唯赞生物科技有限公司；rTaq、dNTP MIX、pMD18-T：大连宝生物技术有限公司；DGGE扩增用引物ALL-GC-V_3F/ALL-V_3R、正向含有7个核苷酸标签（barcode）的MiSeq测序用引物338F/806R、乳酸菌鉴定用引物27F/1495R、鉴定阳性克隆用引物M13F（-47）/M13R（-48）：武汉天一辉远生物科技有限公司合成。

2. 仪器与设备

Veriti PCR扩增仪：美国AB公司；NanoDrop 2000微量紫外分光光度计：美国NanoDrop公司；DCode^{TM} System：美国Bio-Rad公司；DYY-12电泳仪：北京六一仪器厂；MiSeq PE300高通量测序平台：美国Illumina公司；R920机架式服务器：美国DELL公司；CT15RE冷冻离心机：日本HITACHI公司；Bio-5000 plus扫描仪：上海中晶科技有限公司；DG250厌氧工作站：英国DWS公司；ECLIPSE Ci生物显微镜：日本NIKON公司。

3. 方　法

（1）米酒中微生物宏基因组DNA提取

参照QIAGEN DNeasy mericon Food Kit试剂盒使用说明提取10个米酒样品中微生物的宏基因组DNA，使用1%的琼脂糖凝胶进行电泳，并使用NanoDrop检测其浓度。

（2）PCR扩增米酒样品细菌16s rRNA基因片段

将各样品宏基因组DNA浓度做适当稀释并确定浓度一致，使用带有GC夹的正向引物ALL-GC-V_3F（5’-CGC CCG GGG CGC GCC CCG GGC GGC CCG GGG GCA CCG GGG GCC TAC GGG AGG CAG CAG-3’）和反向引物ALL-V_3R（5’-ATT ACC GCG GCT GCT GG-3’）对样

品 DNA 的 V_3 区域进行 16s rRNA PCR 扩增。扩增体系为 25 μL：10 × PCR buffer 2.5 μL，dNTP mix 2 μL，ALL-GC-V_3F 0.5 μL，ALL-V_3R 0.5 μL，DNA 模板量 2 μL，rTaq 酶 0.5 μL，ddH_2O 17 μL。反应条件为 95 °C 预变性 4 min，95 °C 变性 30 s，55 °C 退火 30 s，72 °C 延伸 30 s，30 个循环，72 °C 完全延伸 10 min。PCR 扩增结束后，用 2%的琼脂糖凝胶进行电泳检测。

（3）DGGE 分析

将上述检测合格 PCR 扩增产物作为模板进行 DGGE 凝胶电泳。使用 8%聚丙烯胺胶，上层胶为 0%变性剂，下层胶为 35% ~ 65%梯度变性剂。电泳条件：温度为 60 °C，电泳缓冲液为 0.5 TAE，点样量为 10 μL，先 120 V，78 min，使 PCR 扩增产物快速通过上层胶，后 80 V，13 h。

（4）DGGE 优势条带分析

电泳结束后对凝胶进行硝酸银染色，找出特异性条带并进行回收、扩增、清洁、连接、转化和克隆鉴定，筛选出阳性克隆子送往武汉天一辉远生物有限公司进行测序。测序结果使用 Bio Edit 软件将序列进行拼接，并在 NCBI Blast 中比对查询。

（5）米酒中细菌 16s rRNA PCR 扩增和 MiSeq 高通量测序

参照沈馨[20]方法，将（1）中样品总 DNA 作为模板进行 16s rRNA PCR 扩增。扩增体系：5 × PCR Buffer 4 μL，dNTP Mix 2 μL，338F 和 806R 各 0.5 μL，rTaq 酶 0.4 μL，DNA 模板 10 ng，ddH_2O 12.6 μL。其中引物序列为 338F（5’-ACTCCTACGGGAGGCAGCA-3’）/806R（5’-GGACTACHVGGGT-3’）。扩增反应条件为：95 °C 预变性 3 min；95 °C 变性 30 s，55 °C 退火 30 s，72 °C 延伸 45 s，循环 30 次，72 °C 完全延伸 10 min。其扩增产物用 1.0% 琼脂糖凝胶电泳检测合格后，送至上海美吉生物医药科技有限公司进行 MiSeq 测序。

（6）序列拼接和质量控制

参照王玉荣[21]方法，对 MiSeq 高通量下机序列进行拼接和质量控制。首先去除不合格序列，包括碱基数 < 50 bp、碱基错配比率 > 0.2、barcode 存在碱基错配和引物错配碱基数 > 2 bp 的序列，其次去除 barcode 和引物序列，将剩余序列合并为一个文件以完成后续分析。

（7）生物信息学分析

参照王玉荣方法[22]，使用 QIIME 分析平台对序列进行生物信息学分析。在将各序列校准对齐后，使用 UCLUST 两步法归并建立操作分类单元（Operation Taxonomic Unit，OTU）。选出代表性序列在 Greengenes 数据库中进行同源性比对，确定各 OTU 的种属地位，同时利用 Chao 1 指数和 Shannon 指数评价微生物菌群的丰度和多样性。

（8）米酒中乳酸菌的分离与纯化

使用倍比稀释涂布的方法，将各样品稀释液均匀地涂布于 MRS（含 1.2%～1.5%$CaCO_3$）固体培养基上，置于 DG250 厌氧工作站中（85%N_2，5%CO_2 及 10%H_2），37 °C 培养 48 h。挑选具有透明圈且形状大小不一的特征菌落进行划线纯化 2～3 次，将革兰氏染色为阳性且过氧化氢酶试验为阴性的菌落进行保存。

（9）米酒中乳酸菌的鉴定

提取各纯化菌株 DNA，参考张晓辉[23]中的方法使用通用引物 27F（5'-AGAGTTTGATCCTGGCTCAG-3'）和 1495R（5'-CTACGGCTACCTTGTTACGA-3'）进行 PCR 扩增。将扩增产物进行检测、清洁、连接、转化和克隆鉴定，筛选出阳性克隆子送往武汉天一辉远生物有限公司进行测序。测序结果使用 Bio Edit 软件将序列进行拼接，并在 NCBI Blast 中比对查询。

4. 数据分析

使用 Bio Edit 软件和 MEGA 5.0 软件采用比邻法构建系统发育树，使用 Origin 8.5 软件对 MiSeq 高通量测序结果中优势门相对含量、优势属相对含量和 OTU 出现次数进行绘图。使用 Matlab 2010b 软件绘制核心 OTU 相对含量的热图。

4.1.2 结果与分析

1. 米酒中细菌 PCR-DGGE 分析

本研究首先将 10 个米酒样品中细菌 16s rRNA V_3 片段进行 PCR-DGGE

分析，电泳图谱如图 4-1 所示。

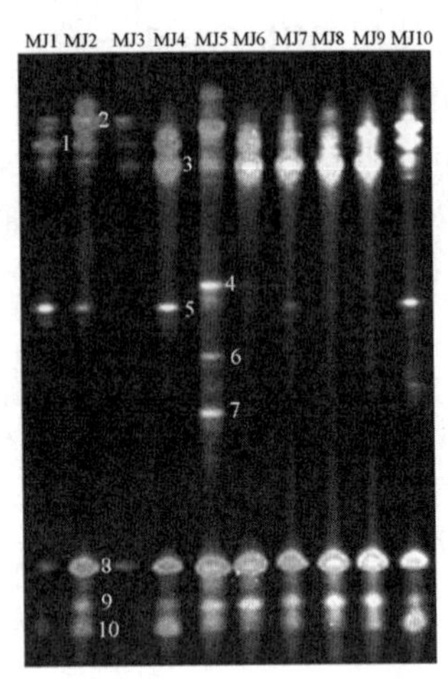

图 4-1 米酒中细菌 PCR-DGGE 图谱

由图 4-1 可知，在电泳图谱中共发现 10 条特征性条带。其中条带 1、2、3 和 8 存在于每个样品中，但是亮度却不一致，说明各样品中存在相同的细菌但是丰度却不相同。条带 5 存在于 MJ1、MJ2、MJ4、MJ7 和 MJ10 样品中且亮度不同，条带 4、6 和 7 仅存在于 MJ5 样品中，条带 9 和 10 仅在 MJ1 和 MJ3 中没有表现出来。由图 4-1 知，10 条特异性条带在 MJ5 样品中均有较高的亮度，说明 MJ5 样品中细菌群落组成具有较高多样性且各条带代表的丰度较高，而 MJ3 样品中仅存在 4 条特异性条带且亮度较暗，说明 MJ3 样品细菌群落组成少且丰度较低。进一步将各条带所代表的序列进行同源性比对，结果如表 4-1 所示。

表 4-1 DGGE 指纹图谱中条带比对结果

条带编号	近源种	相似度/%
1	*Weissella hellenica*（KJ408548.1）	100
2	*Enterococcus villorum*（MH544642.1）	99
3	*Pediococcus pentosaceus*（KX886792.1）	100
4	*Kosakonia sacchari*（CP007215.3）	100
5	*Lactobacillus fermentum*（LC065036.1）	100
6	*Kosakonia sacchari*（CP007215.3）	99
7	*Kosakonia pseudosacchari*（NR135211.1）	99

续表

条带编号	近源种	相似度/%
8	*Pediococcus pentosaceus*（KX886792.1）	100
9	*Lactobacillus alimentarius*（CP018867.1）	99
10	*Pediococcus pentosaceus*（KX886792.1）	100

由表 4-1 可知，条带 1 隶属于 *Weissella*，条带 2 隶属于 *Enterococcus*，条带 3、8 和 10 隶属于 *Pediococcus*，条带 4、6 和 7 隶属于 *Kosakonia*，同时条带 5 和 9 隶属于 *Lactobacillus*。本试验进一步采用 Neighbor-Joining（邻接法）对上述特征条带序列与数据库中 16s rRNA 模式菌株进行系统发育树的构建，结果如图 4-2 所示。

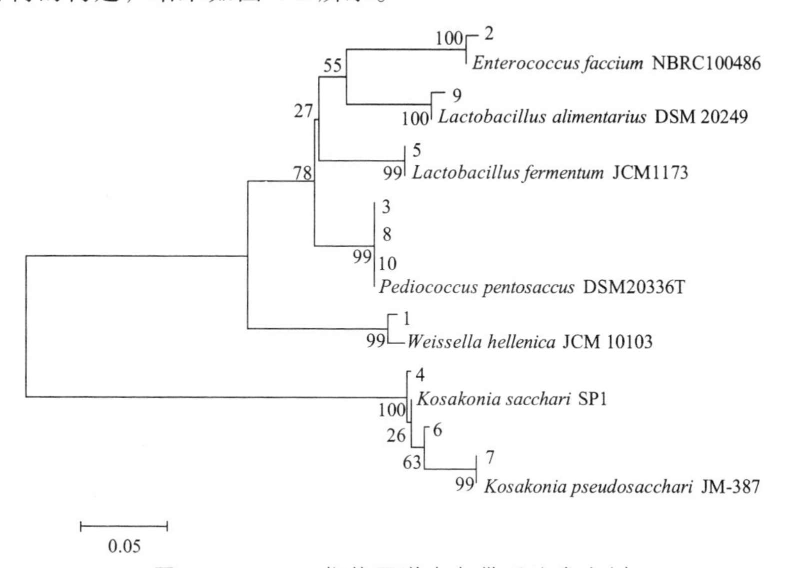

图 4-2 DGGE 指纹图谱中条带系统发育树

由图 4-2 可知，系统发育树被分为两大分支，其中条带 4、6 和 7 聚类在一个分支上，其余条带聚类在另一分支，同时发现各条带菌株代表的序列与模式菌株具有较高的相似度。值得一提的是，本研究使用引物 ALL-GC-V_3F/ALL-V_3R，以 16s rRNA 的 V_3 区为扩增靶点对细菌的多样性进行解析，然而 V_3 区序列长度较短，为了结果准确性本研究仅将鉴定结果明确至属水平。张振东在 16 个来源不同的米酒样品中发现 *Enterococcus*、*Streptococcus*、*Lactobacillus*、*Pediococcus* 以及 *Weissella* 存在于所有米酒样品中，证明了米酒样品中细菌多样性较高[24]。苗乘源利用聚丙烯酰胺凝胶电泳（polyacrylamide gel electrophoresis，PAGE）与传统微生物培养方法相结合的手段对朝鲜传统米酒中的菌株进行分析，结果发现 *Lactobacillus fermentum* 参与米酒发酵的整个过程[25]。相飞采用 PCR-DGGE 技术分析发现甜酒曲中存在 *Weissella kimchi*、*Enterococcus faecium* 和 *Herbaspirillum sp.* 等细菌[26]。上述 3 个研究的结论与本研究基本一致。

2. 米酒中细菌 MiSeq 高通量测序分析

为了克服 DGGE 技术通量低的不足，本研究进一步使用 MiSeq 高通量测序技术对 10 个米酒样品的细菌多样性进行了分析，其 16s rRNA 测序情况及各分类地位数量如表 4-2 所示。

表 4-2　样品 16s rRNA 测序情况及各分类地位数量

样品编号	序列数/条	OUT/个	门/个	纲/个	目/个	科/个	属/个	Chao 1 指数	Shannon 指数
MJ1	57 082	835	6	10	15	19	30	407	0.73
MJ2	63 201	1 055	12	27	42	70	95	574	2.15
MJ3	56 114	506	7	13	24	38	56	196	0.32
MJ4	55 486	1 156	11	28	48	86	119	573	1.26
MJ5	60 106	1 602	27	75	109	149	223	1 110	5.64
MJ6	57 257	753	5	8	10	16	22	353	1.41
MJ7	57 355	837	8	17	29	43	58	424	0.87
MJ8	58 355	1 150	10	24	35	52	66	465	1.71
MJ9	57 673	925	4	10	16	27	34	392	4.01
MJ10	52 987	1 004	12	27	45	76	103	533	4.38

由表 4-2 可知，10 个米酒样品中共产生 575 616 条序列，平均每个样品产生 57 562 条序列。本试验首先根据序列的 100%相似性归类获得 123 817 条具有代表性的序列，根据 97%相似性归类共得到 7 147 个 OTU，平均每个样品 715 个 OTU。当测序量为 52 010 条序列时，MJ5 样品的 Chao 1 指数和 Shannon 指数达到最大值，分别为 1 110 和 5.64，说明此时 MJ5 样品中细菌群落丰富度和多样性均为最高，这与 DGGE 结果一致。

纳入本研究的序列被鉴定为 27 个门，80 个纲，122 个目，173 个科，285 个属，仅有 1.98%和 8.75%未鉴定到门和属水平。米酒中平均相对含

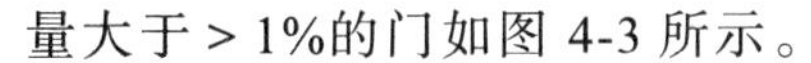
量大于 > 1%的门如图 4-3 所示。

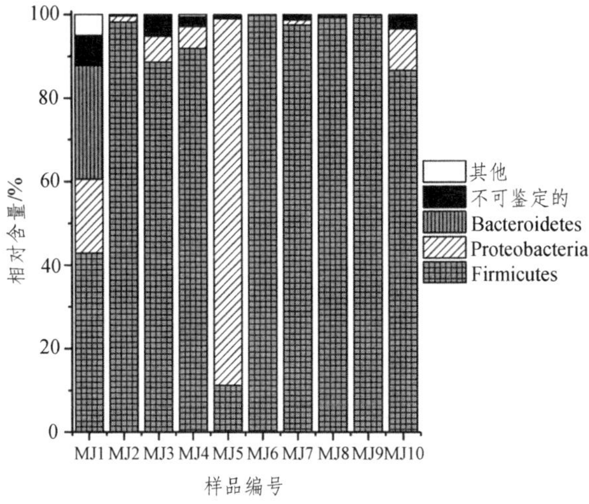

图 4-3 米酒中优势细菌门相对含量分析

由图 4-3 可知，10 个米酒样品中平均相对含量 > 1%的门分别为 Firmicutes、Proteobacteria 和 Bacteroidetes，其平均相对含量分别为 81.53%、13.03% 和 2.78%。进一步分析发现 Firmicutes 在样品 MJ6、MJ8 和 MJ9 中较高，相对含量分别为 99.84%、99.26%和 99.34%，Proteobacteria 在样品 MJ5 中较高，相对含量为 87.69%。本研究进一步在属水平上对各样品的细菌多样性进行了分析，结果如图 4-4 所示。

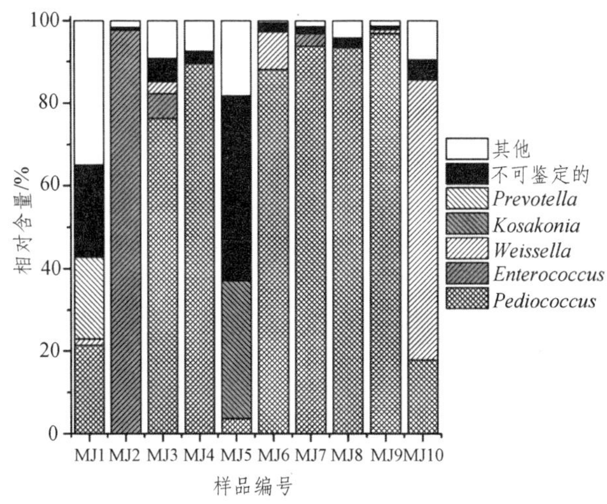

图 4-4 米酒中优势细菌属相对含量分析

由图 4-4 可知，10 个米酒样品中共有 5 个细菌属的平均相对含量 > 1%，分别为 *Pediococcus*、*Enterococcus*、*Weissella*、*Kosakonia* 和 *Prevotella*，其平均相对含量分别为 58.03%、10.72%、8.24%、3.34%和 2.01%。进一步研究发现，*Pediococcus* 为样品 MJ3、MJ4、MJ6、MJ7、MJ8 和 MJ9 中含量最多的细菌，相对含量分别为 76.32%、89.50%、88.02%、93.71%、93.31%和 96.72%。*Pediococcus* 和 *Prevotella* 为 MJ1 中的优势细菌属，相对含量分别为 21.35%和 19.87%；*Enterococcus*、*Weissella* 和 *Kosakonia* 分别为样品 MJ1、MJ10 和 MJ5 中含量最多的细菌，相对含量分别为 97.56%、67.79%和 33.32%。有研究人员亦采用高通量测序技术对米酒曲中的细菌多样性进行了解析。采用单分子实时测序技术，韩琬对 3 个日本米酒曲样品的细菌多样性进行了分析，结果发现米酒曲中的细菌主要隶属于 Actinobacteria、Bacteroidetes、Firmicutes、Proteobacteria 和 Verrucomicrobia，而 Proteobacteria 为优势细菌门[27]。利用 MiSeq 高通量测序的方法，沈馨在 3 个孝感风窝酒曲中发现优势细菌属为隶属于 Firmicutes 的 *Weissella*、*Enterococcus*、*Lactococcus* 和 *Bacillus* 细菌属[20]。

本研究进一步统计了 OTU 在 10 个米酒样品中出现次数及相对含量，结果如图 4-5 所示。

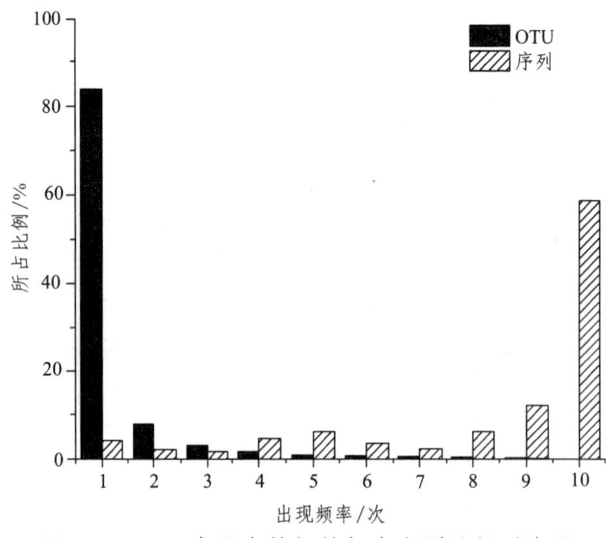

图 4-5　OTU 出现次数与其包含序列的相对含量

由图 4-5 可知，本研究共产生 7 147 个 OTU，仅出现 1 次的 OTU 为 6 008 个，占 OTU 总数的 84.06%，但其序列仅占总序列数的 4.15%。值得注意的是出现 10 次的 OTU 有 6 个，仅占 OTU 总数的 0.08%，而序列数占总序列的 58.72%。本研究进一步对核心 OTU 的相对含量进行了分析，结果如图 4-6 所示。

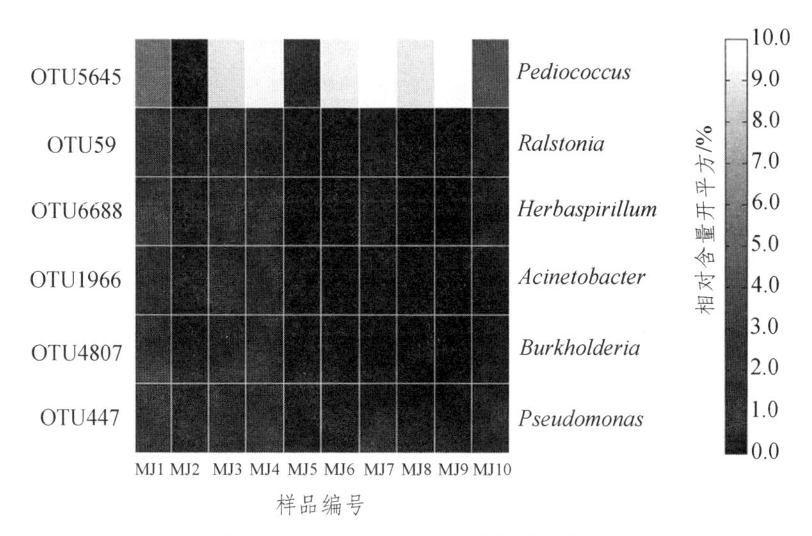

图 4-6　核心 OTU 相对含量分析

由图 4-6 可知，6 个核心 OTU 分别为 OTU5645、OTU59、OTU6688、OTU1966、OTU4807 和 OTU447，其平均相对含量分别为 54.74%、0.80%、0.76%、0.33%、0.30%和 0.10%。由于第二代高通量测序不能鉴定到种水平，只能确定其细菌属。进一步分析发现 OTU5646 隶属于 *Pediococcus*，OTU59 隶属于 *Ralstonia*，OTU6688 隶属于 *Herbaspirillum*，OTU1966 隶属于 *Acinetobacter*，OTU4807 隶属于 *Burkholderia* 和 OTU447 隶属于 *Pseudomonas*。由此可见，*Pediococcus* 为恩施地区米酒样品中的优势细菌。

3. 米酒中乳酸菌菌株的分离与鉴定

本研究进一步对米酒中的乳酸菌进行了分离鉴定，并将测序结果与数据库中的模式菌株构建了系统发育树，结果如图 4-7 所示。

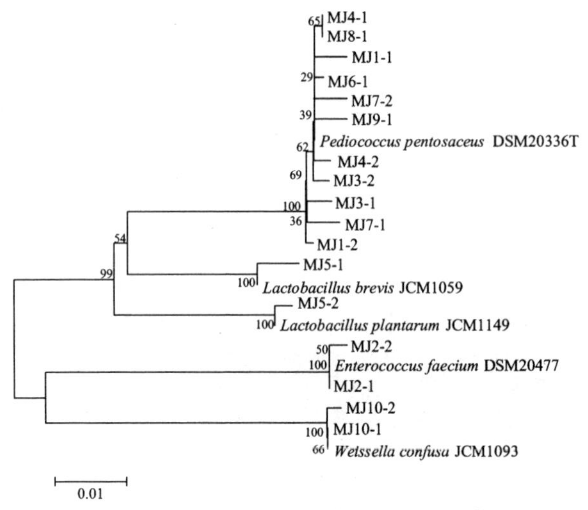

图 4-7 米酒中乳酸菌系统发育树

由图 4-7 可知，在米酒中共分离鉴定出 17 株乳酸菌，其中有 11 株鉴定为 *Pediococcus pentosaceus*，2 株鉴定为 *Enterococcus faecium*，2 株鉴定为 *Weissella confusa*，1 株鉴定为 *Lactobacillus brevis*，1 株鉴定为 *Lactobacillus plantarum*。由此可知，恩施地区米酒中的优势乳酸菌为 *Pediococcus pentosaceus*，这与 PCR-DGGE 及 MiSeq 高通量测序结果一致。

4.1.3 结 论

本研究以恩施地区米酒为研究对象，利用 PCR-DGGE 与 MiSeq 高通量测序技术相结合的手段对其细菌多样性进行了解析，研究发现 Firmicutes、Proteobacteria 和 Bacteroidetes 为恩施地区米酒中的优势细菌门，*Pediococcus*、*Enterococcus*、*Weissella*、*Kosakonia* 和 *Prevotella* 为恩施地区米酒中的优势细菌属。此外，恩施地区米酒中乳酸菌亦具有较高的多样性，且以 *Pediococcus pentosaceus* 为主。

参考文献

[1] 郭成宇，魏清秀. 不同酒曲生产小米酒的研究[J]. 中国酿造，

2017，36（2）：145-150.
[2] 李小丽，温晓梅. 海南甜米酒中乳酸与氨基酸成分的研究[J]. 价值工程，2018，37（4）：195-197.
[3] 张高楠，苏钰亭，赵思明，等. 4种甜米酒主要营养成分与滋味特征对比及分析[J]. 华中农业大学学报，2018，37（2）：89-95.
[4] 赵翾，刘功良，李红良，等. 响应面法优化香梨米酒的发酵工艺研究[J]. 中国酿造，2017，36（10）：186-189.
[5] 王婉君，赵立艳，汤静. 新型米酒产品研究与开发进展[J]. 中国酿造，2018，37（5）：1-4.
[6] 李福荣.信阳民间传统米酒微生物的分离及鉴定[J]. 郑州工程学院学报，2004，（4）：62-64.
[7] 焦晶凯. 传统酿造米酒微生物多样性及优势菌特性的研究[D]. 哈尔滨：哈尔滨工业大学，2012.
[8] ERCOLINI D. PCR-DGGE fingerprinting：novel strategies for detection of microbes in food[J]. Journal of Microbiological Methods，2004，56（3）：297-314.
[9] MILANOVIĆ V，OSIMANI A，GAROFALO C，et al. Profiling white wine seed vinegar bacterial diversity through viable counting，metagenomic sequencing and PCR-DGGE[J]. International Journal of Food Microbiology，2018，65（12）：66-74.
[10] LIANG H，LI W，LUO Q，et al. Analysis of the bacterial community in aged and aging pit mud of Chinese Luzhou-flavour liquor by combined PCR-DGGE and quantitative PCR assay[J]. Journal of the Science of Food and Agriculture，2015，95（13）：2729-2735.
[11] CHOMBO-MORALES P，KIRCHMAYR M，GSCHAEDLER A，et al. Effects of controlling ripening conditions on the dynamics of the native microbial population of Mexican artisanal Cotija cheese assessed by PCR-DGGE[J]. LWT-Food Science and Technology，2016，65（1）：1153-1161.
[12] HONG Y，YANG H S，LI J，et al. Identification of lactic acid

bacteria in salted Chinese cabbage by SDS-PAGE and PCR-DGGE[J]. Journal of the Science of Food and Agriculture, 2014, 94（2）: 296-300.

[13] KOO O K, KIM H J, BAKER C A, et al. Microbial diversity of ground beef products in South Korean retail market analyzed by PCR-DGGE and 454 pyrosequencing[J]. Food Biotechnology, 2016, 30（1）: 63-77.

[14] JEON Y S, PARK S C, LIM J, et al. Improved pipeline for reducing erroneous identification by 16s rRNA sequences using the Illumina MiSeq platform[J]. Journal of Microbiology, 2015, 53（1）: 60-69.

[15] ZHU J, CHEN L, ZHANG Y, et al. Revealing the anaerobic acclimation of microbial community in a membrane bioreactor for coking wastewater treatment by Illumina MiSeq sequencing[J]. Journal of Environmental Sciences, 2018, 64（2）: 139-148.

[16] OGUNADE I M, JIANG Y, CERVANTES A A P, et al. Bacterial diversity and composition of alfalfa silage as analyzed by Illumina MiSeq sequencing: Effects of Escherichia coli O157: H7 and silage additives[J]. Journal of Dairy Science, 2018, 101（3）: 2048-2059.

[17] DU R, GE J, ZHAO D, et al. Bacterial diversity and community structure during fermentation of Chinese sauerkraut with Lactobacillus casei 11MZ-5-1 by Illumina MiSeq sequencing[J]. Letters in Applied Microbiology, 2018, 66（1）: 55-62.

[18] XU X, ZHANG Z, HU S, et al. Response of soil bacterial communities to lead and zinc pollution revealed by Illumina MiSeq sequencing investigation[J]. Environmental Science and Pollution Research, 2017, 24（1）: 666-675.

[19] KIM J, AN J U, KIM W, et al. Differences in the gut microbiota of dogs（Canis lupus familiaris）fed a natural diet or a commercial feed revealed by the Illumina MiSeq platform[J]. Gut Pathogens, 2017, 9（1）: 68.

[20] 沈馨，尚雪娇，董蕴，等. 基于 MiSeq 高通量测序技术对 3 个孝感风窝酒曲细菌多样性的评价[J]. 中国微生态学杂志，2018，30（5）：525-530.

[21] 王玉荣，沈馨，董蕴，等. 鲊广椒细菌多样性评价及其对风味的影响[J]. 食品与机械，2018，34（4）：25-30.

[22] 王玉荣，孙永坤，代凯文，等. 基于单分子实时测序技术的 3 个当阳广椒样品细菌多样性研究[J]. 食品工业科技，2018，39（2）：108-112.

[23] 张晓辉，杨靖鹏，王少军，等. 浆水中细菌多样性分析及乳酸菌的分离鉴定[J]. 食品科学，2017，38（4）：70-76.

[24] 张振东，赵慧君，沈馨，等. 米酒曲细菌多样性研究[J]. 中国微生态学杂志，2018，30（6）：640-646.

[25] 苗乘源，郑琳，程雅韵，等. 朝鲜族传统米酒中的乳酸菌多样性分析[J]. 延边大学农学学报，2016，38（3）：248-250.

[26] 相飞. 甜酒曲中微生物群落结构及辣蓼甜酒曲的制曲工艺研究[D]. 上海：上海海洋大学，2015.

[27] 韩琬. 应用单分子实时测序技术对米曲中微生物多样性的研究[D]. 呼和浩特：内蒙古农业大学，2016.

（文章发表于《食品与发酵工业》，2019 年 45 卷）

4.2 恩施市米酒真菌多样性解析

米酒是以糯米、大米或籼米等谷物为主料添加酒曲发酵制成的一类风味独特的低酒精度饮料，因其具有清香醇厚、营养丰富和工艺简单等特点，湖北省一直保留着制作和饮用米酒的习惯[1-2]。传统米酒的制作多在开放环境下进行，除酒曲中的根霉和酵母菌会混入成品中外，原料及环境中的多种微生物亦会掺入其中，由此可见，米酒的发酵过程实际上是多种微生物之间以及微生物与原料中的淀粉、蛋白质、脂肪和矿物质等化学成分之间相互作用的过程。同时，由于传统工艺制作的米酒易受微生物、原料和环境等因素的影响，其成品品质很难保持一致，有时甚至易受致病菌污染[3]。因此，对米酒中微生物种类及多样性进行全面解析显得尤为重要。多年来，国内学者对米酒中酵母菌[4-5]、乳酸菌[6]和霉菌[7-8]进行了多项卓有成效的研究，其研究结果均表明米酒中微生物以霉菌和酵母菌等真菌为主。然而以上研究均采用的是基于纯培养的传统微生物学手段，该方法存在一定局限性，不能全面真实地反映米酒中微生物多样性。

以 MiSeq 为代表的第二代高通量测序技术具有操作简单、通量高和结果可信度高的特点，一次可对多个样本中的微生物群落信息进行平行分析[9]。相较于富集培养、分离纯化和生理生化鉴定等传统微生物手段，MiSeq 高通量测序技术可检测出样品中低丰度、难培养的微生物类群，能够更加真实准确地反映样品中微生物群落结构，并且该技术已在窖泥[10-11]、泡菜[12]、酒曲[13]和白酒[14]等中得到广泛应用，这些研究的开展为研究米酒中微生物多样性提供了很好的思路。

本研究以采集自恩施土家族苗族自治州的农家自酿米酒为研究对象，在提取样品宏基因组的基础上采用 MiSeq 高通量测序技术对其真菌多样性进行解析，同时采用多元统计学手段对样品间差异性进行分析，以期为米酒中微生物资源发掘提供一定理论依据。

4.2.1 材料与方法

1. 材料与试剂

米酒：于 2018 年 2 月采集自恩施市 10 个农户家中。QIAGEN DNeasy mericon Food Kit 基因组 DNA 提取试剂盒：德国 QIAGEN 公司；5× TransStart™、脱氧核糖核苷三磷酸（deoxy-ribonucleoside triphosphate，dNTP）Mix、FastPfu Buffer 和 FastPfu Fly DNA 聚合酶（5 U/μL）：北京全式金生物技术有限公司；DNA 1000 试剂盒：美国 Agilent 公司。正向引物 SSU0817F（5’-TTAGCATGGAATAATRRAATAGGA-3’）和反向引物 SSU1196R（5’-TCTGGACCTGGTGAGTTTCC-3’）：武汉天一辉远生物科技有限公司。

2. 设备与仪器

5810R 台式高速冷冻离心机：德国 Eppendorf 公司；2100 芯片生物

分析仪：美国 Agilent 公司；ND-2000C 微量紫外分光光度计：美国 NanoDrop 公司；Vetiri 梯度基因扩增仪：美国 AB 公司；DYY-12 电泳仪：北京六一仪器厂；PowerPacTMBasic 稳压仪和 UVPCDS8000 凝胶成像分析系统：美国 Bio-Rad 公司；MiSeq 高通量测序平台：美国 Illumina 公司；R920 机架式服务器：美国 DELL 公司。

3. 方　法

（1）宏基因组 DNA 提取与检测

取 50 g 米酒样品置于无菌离心杯中 400 g 离心 10 min 以去除米粒等固体杂质然后取上清液，将上清液以 4 000 r/min 的离心力离心 10 min 收集菌体。参照 DNA 提取试剂盒中的方法对收集的菌体进行宏基因组 DNA 提取并用微量紫外分光光度计检测提取 DNA 的 $OD_{260\ nm/280\ nm}$ 是否在 1.8～2.0 之间，并记录各样品 DNA 浓度，将符合要求的样品 DNA 置于－20 °C 备用。

（2）PCR 扩增及测序

参照王丹丹[15]的方法对样品真菌 18s rRNA 的 V_4～V_5 区进行 PCR 扩增，体系为 20 μL：5×PCR buffer 4 μL，2.5 mmol/L dNTPs Mix 2 μL，5 μmol/L 正反向引物（正向引物上加 7 个核苷酸标签）各 0.8 μL，5 U/μL FastPfu Fly DNA 聚合酶 0.4 μL，DNA 模板 10 ng，剩余体积用无菌超纯水补齐；扩增条件参照陈庆金的方法略作改动[16]：95 °C 预变性 3 min；95 °C 变性 30 s，55 °C 退火 30 s，72 °C 延伸 45 s，30 个循环；72 °C 完全延伸 10 min。扩增结束后用无菌超纯水将 1.0%琼脂糖凝胶电泳检测合格的扩增产物浓度稀释至 100 nmol/L，并用干冰将其寄至上海美吉生物医药科技有限公司进行 MiSeq 高通量测序。

（3）序列质量控制及分析

MiSeq 测序完成后根据序列间的重叠关系将返回的正反向成对单链序列拼接成一条完整 DNA 序列，要求拼接时满足以下任一条件的序列予以剔除：重叠区的碱基数小于 10 bp、核苷酸标签碱基发生错配、引物碱基错配数大于 2bp 或最大错配比率大于 0.2。剩下的序列再按核苷酸标签序列将其划分至对应的样品中并校正序列方向，最后切除正反引物及核苷酸标签，若切除的引物和核苷酸后序列长度小于 50 bp，则该序列亦舍弃。

序列质控合格后采用 QIIME（v1.7.0）分析平台对序列进行分析[17]，用 UCLUST 软件[18]首先以 100%的相似度得到单一序列，然后以 97%的相似度建立操作分类单元（Operational Taxonomic Units，OTU），紧接着从每个 OTU 中挑选一条代表性序列与 SILVA[19-20]数据库进行比对，确定各序列和各 OTU 的微生物学分类地位，进而对米酒真菌的 α 多样性指数和 β 多样性指数进行计算。

（4）多元统计学分析

使用发现物种数和香农指数对真菌丰度和多样性进行分析，采用基于分类操作单元加权 UniFrac 距离的聚类分析和基于欧氏距离的差异分析对样品真菌群落结构差异进行研究，采用曼-惠特尼检验（Mann-Whitney test）对不同聚类间的组间差异显著性进行分析。采用软件 OriginPro2017C 绘图。

4.2.2 结果与讨论

1. 基于门和属水平的真菌多样性分析

采用 MiSeq 高通量测序技术从 10 个米酒样品中共检测出 85 672 条有效序列，本研究首先对测序深度进行分析，结果如图 4-8 所示。

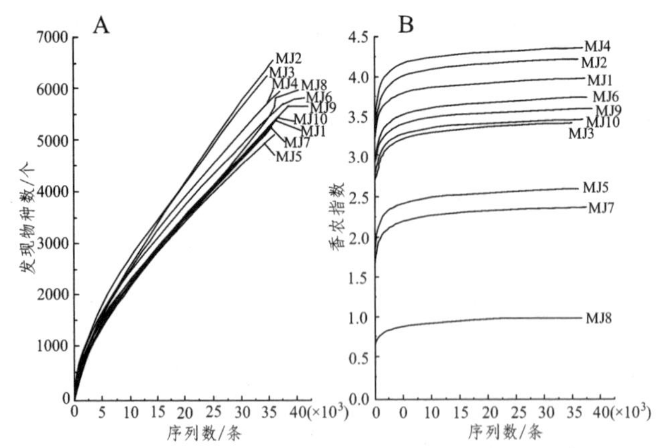

图 4-8 样品真菌序列稀释曲线（A）和香农指数曲线（B）

由图 4-8 可知，稀释曲线（A）随着序列数的增加呈现逐渐上升的趋势，而香农指数曲线（B）在序列数为 10 000 条左右时就已全部进入稳定期，说明随着测序序列量的增加样品中可能会有新的物种会被发现，但其真菌多样性不会再有明显变化了，表明本研究测得的 85 672 条序列满足后续生物信息学分析要求。由图 4-8（B）可知，所有样品中香农指数最大的为 MJ4，最小的为 MJ8，经 α 多样性分析发现在测序深度为 34 810 条序列时二者的香农指数分别为 4.36 和 0.99，说明样品 MJ4 中真菌丰富度最高而样品 MJ8 中最低。本研究检测出的合格序列在 97%的相似度可划分为 10 627 个 OTU，从每个 OTU 中挑选一条代表性序列进行比对然后统计其界、门、纲、目、科和属的种类和数量，其中真菌门水平的分析结果如图 4-9 所示。

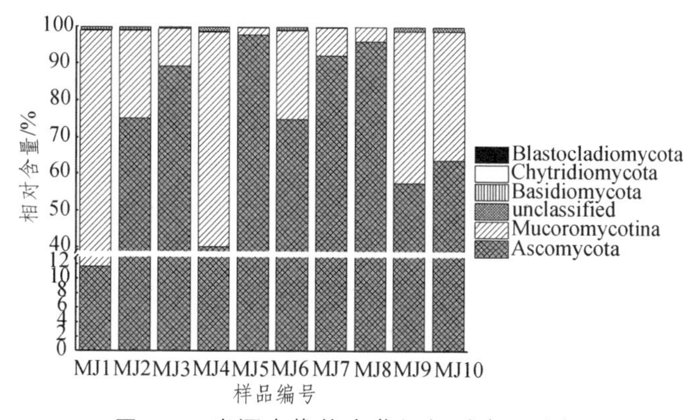

图 4-9 米酒中优势真菌门相对含量分析

由图 4-9 可知，所有米酒样品中主要检测出隶属于 Ascomycota（子囊菌门）、Mucoromycotina（毛霉亚门）、Basidiomycota（担子菌门）、Chytridiomycota（壶菌门）和 Blastocladiomycota（芽枝霉门）的真菌，其中 Ascomycota 和 Mucoromycotina 的累积平均相对含量高达 99.20%，而 Basidiomycota、Chytridiomycota 和 Blastocladiomycota 仅在一个或少数几个样品中存在。由图 4-9 亦可知，MJ1 和 MJ4 中 Ascomycota 的相对含量明显低于其他样品，而 MJ5、MJ7 和 MJ8 中 Basidiomycota 含量亦明显低于其他样品，说明各样品中真菌门的种类和含量存在差异。进一步在属水平上进行研究时发现 10 个样品共检测出 17 个真菌属，其中平均相对含量大于 0.1%的有 4 个，在本研究中将这 4 个真菌属定义为优势真菌属，则其在各样品中的分布情况如图 4-10 所示。

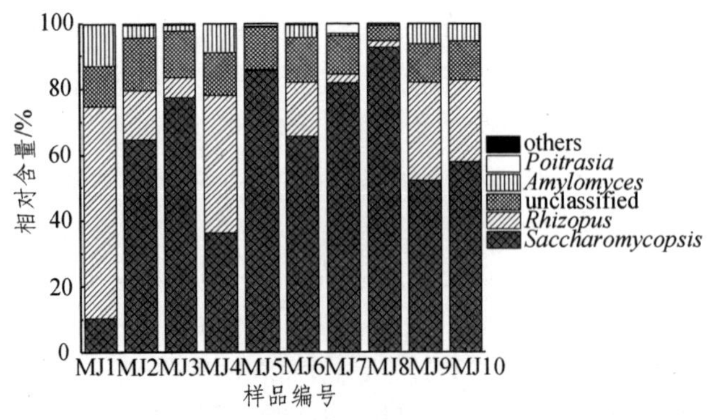

图 4-10　米酒中优势真菌属相对含量分析

由图 4-10 可知，米酒样品中的优势真菌属主要为 *Saccharomycopsis*（复膜孢酵母属）、*Rhizopus*（根霉属）、*Amylomyces*（淀粉霉）和 *Poitrasia*（暂无中文翻译），其平均相对含量分别为 62.44%、20.28%、4.42%和 0.47%，所有合格序列仅有 12.17%不能鉴定到属水平。值得一提的是，*Saccharomycopsis* 在 MJ1 中的相对含量仅有 10.39%，而在 MJ8 中的相对含量高达 92.54%；*Rhizopus* 在 MJ1 中的相对含量为 64.32%，而在 MJ5、MJ7 和 MJ8 中的相对含量分别为 0.43%、2.43%和 2.02%；样品 MJ1 和 MJ10 中均不含有 *Poitrasia*。由此可见，虽然米酒样品中含有大量真菌菌群，但这些优势真菌在各样品中并非均匀分布。焦晶凯[21]采用 DGGE 技术对不同发酵时期传统酿造米酒中微生物多样性变化进行分析，发现米酒中含有的真菌主要为 *Saccharomyces*（酵母属）、*Pichia*（毕赤酵母属）和 *Kluyveromyces*（克鲁维酵母属），与本研究结果存在一定差异性；但王丹丹[15]采用 MiSeq 高通量测序技术对孝感凤窝酒曲真菌微生物多样进行研究时发现淀粉霉（*Amylomyces*）、小克银汉霉属（*Cunninghamella*）、毛霉属（*Mucor*）、复膜孢酵母属（*Saccharomycopsis*）、曲霉属（*Aspergillus*）、念珠菌（*Candida*）、拟威尔酵母（*Cyberlindnera*）和接合酵母（*Zygosaccharomyces*）是其内主要真菌，与本研究结果较为相似，出现这种现象的原因可能是原料来源和实验方法等因素造成的。

2. 基于 OTU 水平的真菌多样性分析

本研究从 10 个米酒样品中得到 10 627 个 OTU，各样品中 OTU 数量及种类并非完全相同，如图 4-11 所示为各 OTU 在所有样品中出现次数统计结果。

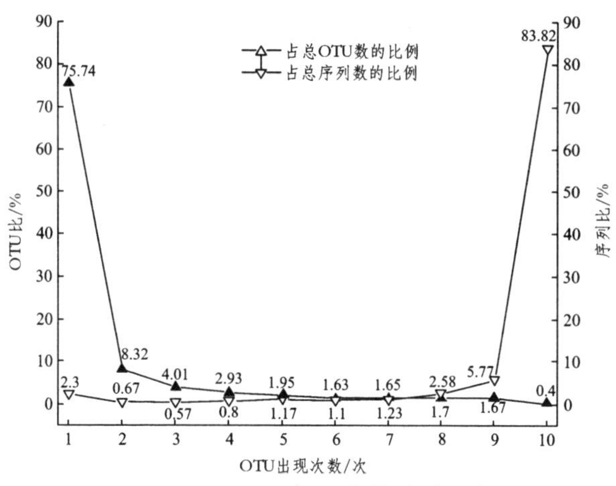

图 4-11 OTU 出现次数统计分析

由图 4-11 可知，随着 OTU 出现频次从 1 到 10 逐渐升高，其所含 OTU 数占总 OTU 数的比例整体上呈现逐渐下降的趋势，而所含序列数占总序列数的比例趋势恰好相反，尤以出现频次为 1 和 10 的 OTU 最为明显。某个样品中特有的 OTU 即图 4-11 所示仅出现 1 次的 OTU 占总 OTU 数的比例为 75.74%，但其所含序列数仅为 2.30%；出现 10 次的 OTU 即所有样品共有 OTU 占总 OTU 数的比例仅为 0.40%，而其所含序列数占到总序列数的 83.82%；其他频次的 OTU 即部分样品中共有 OTU 的 OTU 比和序列比值总体上较为相近。说明样品中特有真菌种类多但在各样品中的含量少，而多数为共有真菌菌群。值得一提的是，10 627 个 OTU 中序列平均相对含量大于 0.1%的 OTU 有 32 个，其中相对含量大于 0.5% 有 7 个，这 7 个 OTU 在各米酒样品中的相对含量如图 4-12 所示。

由图 4-12 可知，平均相对含量大于 0.5%的 OTU 及其平均相对含量分别为 OTU2793（45.40%）、OTU8553（16.41%）、OTU2342（15.90%）、OTU4367（1.18%）、OTU9019（0.63%）、OTU4274（0.59%）和 OTU5981（0.53%），其中 OTU2793、OTU2342 和 OTU4274 隶属于 *Saccharomycopsis*，OTU8553、OTU4367 和 OTU5981 隶属于 *Rhizopus*，OTU9019 隶属于 *Amylomyces*，且这些 OTU 在各样品中均存在。由图 4-12 亦可明显看出，MJ8 中 OTU2342 的相对含量已达 92.47%，显著高于其他样品，而其 OTU2793 的相对含量仅为 0.02%。由此可见，米酒样品中的核心优势真菌属为 *Saccharomycopsis*、*Rhizopus* 和 *Amylomyces*，且各样品相对含量存在差异。

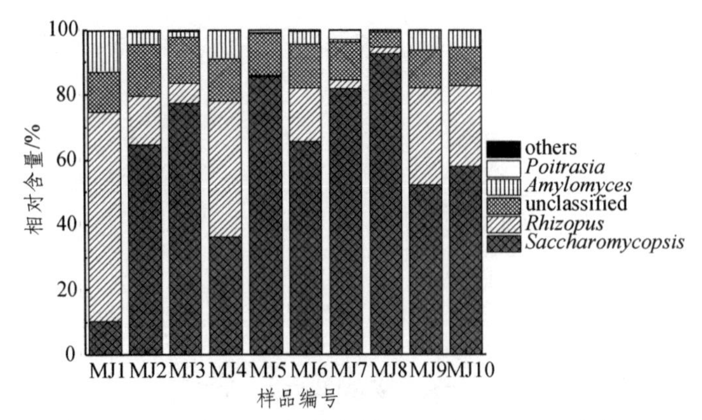

图 4-12 平均相对含量大于 0.5%的 OTU 统计分析

3. 样品差异分析

通过计算样品间的距离,UniFrac 显著性检验可利用各样品序列类型来比较样品在特定的进化谱系中是否有显著的微生物群落差异[22]。本研究在对不同米酒样品中真菌进行分析鉴定的基础上进一步采用基于分类操作单元加权 UniFrac 距离显著性检验对样品间差异性进行了分析，结果如图 4-13 所示。

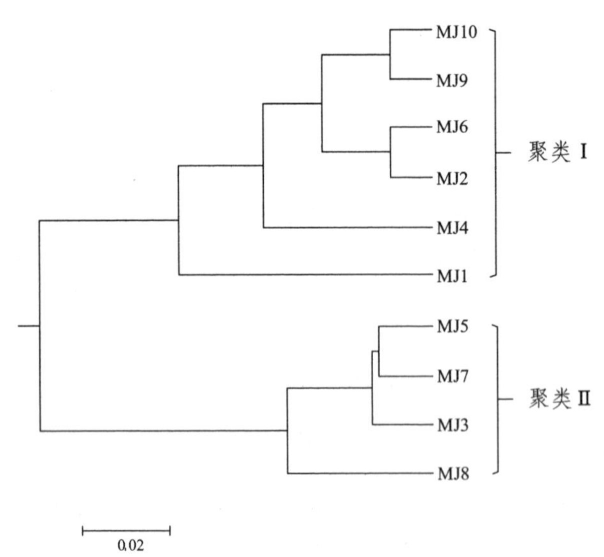

图 4-13 样品 UPGMA 聚类分析

由图 4-13 可知，采集的 10 个米酒样品大致可以分为两类，聚类 I 包括 MJ1、MJ2、MJ4、MJ6、MJ9 和 MJ10，聚类 Ⅱ 包括 MJ3、MJ5、MJ7 和 MJ8。在加权 UniFrac 中，分支的长度由树的该分支的两个群落的相对丰度的差异进行加权所得，由图 4-13 亦可知，聚类 I 中各分支长度整体上要长于聚类 Ⅱ 各分支，为探究其差异显著性，本研究进一步采用欧氏距离对样品真菌群落结构组间差异进行分析，结果如图 4-14 所示。

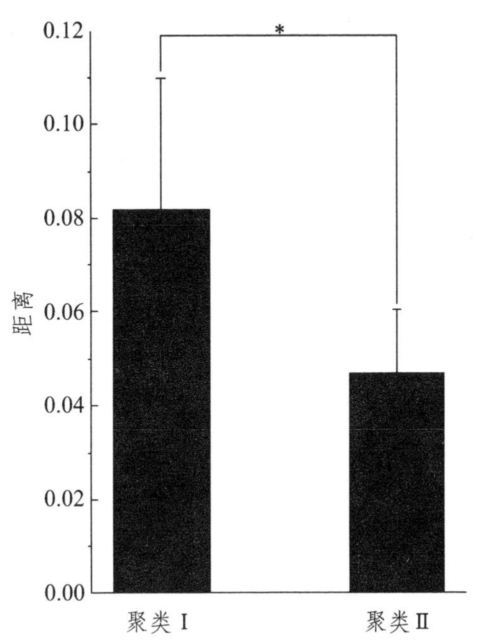

图 4-14　基于欧氏距离的样品真菌群落结构组间差异分析

由图 4-14 可知，采用欧氏距离计算不同聚类真菌微生物群落结构差异时，聚类 I 的组内距离为 0.082 ± 0.028（平均值 ± 标准差），聚类 Ⅱ 的组内距离为 0.047 ± 0.014（平均值 ± 标准差），即聚类 I 中的欧氏距离大于聚类 Ⅱ，说明聚类 I 中样品相似度低于聚类 Ⅱ。经 Mann-Whitney 检验发现两组数据差异显著（p=0.038），说明聚类 I 样品真菌群落结构组内差异要明显高于聚类 Ⅱ（p<0.05）。本研究进一步在属水平上对造成上述现象的因素进行了探究，结果如表 4-3 所示。

表 4-3 不同聚类间优势真菌属差异分析

真菌属	聚类Ⅰ/%						聚类Ⅱ/%				p 值
	MJ1	MJ2	MJ4	MJ6	MJ9	MJ10	MJ3	MJ5	MJ7	MJ8	
Saccharomycopsis	10.39	64.66	36.23	65.61	52.31	57.89	77.41	85.51	81.86	92.54	0.01
Rhizopus	64.32	14.95	41.77	16.30	29.63	24.82	6.11	0.43	2.48	2.02	0.01
Amylomyces	12.72	4.00	8.70	4.03	6.17	5.38	1.68	0.28	0.63	0.58	0.01
Poitrasia	0.00	0.14	0.12	0.10	0.03	0.00	0.39	0.65	3.06	0.19	0.01

由表 4-3 可知，聚类Ⅰ和聚类Ⅱ中 *Saccharomycopsis*、*Rhizopus*、*Amylomyces* 和 *Poitrasia* 的相对含量差异均非常显著（$p<0.01$）。整体上看，聚类Ⅰ中 *Rhizopus* 和 *Amylomyces* 的相对含量上要高于聚类Ⅱ，而聚类Ⅱ中 *Saccharomycopsis* 和 *Poitrasia* 要高于聚类Ⅰ。由此可见，*Saccharomycopsis*、*Rhizopus*、*Amylomyces* 和 *Poitrasia* 是造成米酒样品两个聚类微生物群落结构差异显著的关键真菌类群。

4.2.3 结 论

MiSeq 高通量测序结果表明，恩施地区米酒中的核心优势真菌属为 *Saccharomycopsis*（复膜孢酵母属）、*Rhizopus*（根霉属）和 *Amylomyces*（淀粉霉），且不同样品中真菌种类和含量亦不相同。对样品的分析结果表明，采集的 10 个样品大致可以分为两类，造成这种差异的关键真菌类群主要为 *Saccharomycopsis*、*Rhizopus*、*Amylomyces* 和 *Poitrasia*。

参考文献

[1] 杨停，贾冬英，马浩然，等. 糯米化学成分对米酒发酵及其品质影响的研究[J]. 食品科技，2015，40（5）：119－123.

[2] WU Z，XU E，LONG J，et al. Monitoring of fermentation process parameters of Chinese rice wine using attenuated total reflectance mid－infrared spectroscopy[J]. Food Control，2015，50（4）：405－412.

[3]　郭壮，汤尚文，蔡宏宇，等. 市售与农家自酿孝感米酒滋味品质的比较研究[J]. 食品工业，2015，36（11）：185－188.

[4]　单艺，张兰威，崔宏斌. 传统法酿造糯米酒中酵母菌的筛选及发酵特性研究[J]. 食品工业科技，2007，28（8）：88－90.

[5]　宁洁，赵新淮. 发酵米酒中一些霉菌和酵母的性质与应用研究[J]. 食品科技，2008，2008（10）：5－9.

[6]　苗乘源，郑琳，程雅韵，等. 朝鲜族传统米酒中的乳酸菌多样性分析[J]. 延边大学农学学报，2016,38（3）：248－250，270.

[7]　赵婷婷，卢倩文，宋菲菲，等. 1 株产香真菌的筛选及其协同米根霉对米酒发酵的影响[J]. 食品科学，2017，38（14）：42－48.

[8]　王艳萍，程巧玲，张阳，等. 米酒醪中优势微生物菌相组成的初步研究[J]. 中国酿造，2008，27（5）：12－14.

[9]　COCOLIN L，ALESSANDRIA V，DOLCI P，et al. Culture independent methods to assess the diversity and dynamics of microbiota during food fermentation[J]. International Journal of Food Microbiology，2013，167（1）：29－43.

[10]　HU X，DU H，REN C，et al. Illuminating anaerobic microbial community and cooccurrence patterns across a quality gradient in Chinese liquor fermentation pit muds[J]. Applied and Environmental Microbiology，2016，82（8）：2506－2515.

[11]　刘茂柯，唐玉明，赵珂，等. 浓香型白酒窖泥微生物群落结构及其选育应用研究进展[J]. 微生物学通报，2017，44（5）：1222－1229.

[12]　Yang H，Wu H，Gao L，et al. Effects of Lactobacillus curvatus and Leuconostoc mesenteroides on Suan Cai Fermentation in Northeast China[J]. Journal of Microbiology and Biotechnology，2016，26（12）：2148－2158.

[13]　沈馨，尚雪娇，董蕴，等. 基于 MiSeq 高通量测序技术对 3 个孝感凤窝酒曲细菌多样性的评价[J]. 中国微生态学杂志，2018，30（5）：525－530.

[14] SUN W，XIAO H，PENG Q，et al. Analysis of bacterial diversity of Chinese Luzhou－flavor liquor brewed in different seasons by Illumina MiSeq sequencing[J]. Annals of Microbiology，2016，66（3）：1293－1301.

[15] 王丹丹，沈馨，董蕴，等. 孝感凤窝酒曲真菌多样性评价[J]. 中国酿造，2017，36（11）：38－42.

[16] 陈庆金，黄丽，滕建文，等. 基于 MiSeq 测序分析六堡茶陈化初期真菌多样性[J]. 食品科技，2015 ,41（8）：67－71.

[17] CAPORASO J G，KUCZYNSKI J，STOMBAUGH J，et al. QIIME allows analysis of high－throughput community sequencing data[J]. Nature Methods，2010，7（5）：335－336.

[18] EDGAR R C. Search and clustering orders of magnitude faster than BLAST[J]. Bioinformatics，2010，26（19）：2460-2461.

[19] QUAST C，PRUESSE E，YILMAZ P，et al. The SILVA ribosomal RNA gene database project：improved data processing and web-based tools[J]. Nucleic Acids Research，2012，41（D1）：D590-D596.

[20] YILMAZ P，PARFREY L W，YARZA P，et al. The SILVA and "all-species living tree project(LTP)" taxonomic frameworks[J]. Nucleic Acids Research，2014，42（D1）：643-648.

[21] 焦晶凯. 传统酿造米酒微生物多样性及优势菌特性的研究[D]. 哈尔滨：哈尔滨工业大学，2012.

[22] LOZUPONE C A，KNIGHT R. The unifrac significance test is sensitive to tree topology[J]. BMC Bioinformatics，2015，16（1）：211-213.

（文章发表于《食品工业科技》，2019 年 40 卷）

第5章 恩施市发酵豆制品微生物多样性解析

5.1 恩施市发酵腐乳细菌多样性解析

腐乳，又称豆腐乳，是一种中国传统的大豆发酵食品，也是由微生物作用的代表性豆制品[1]。根据加工方式不同，腐乳可分为细菌型腐乳、霉菌型腐乳、酶法发酵以及自然发酵腐乳[2]。在腐乳自然发酵过程中，由于制作环境和人工因素等的影响，导致其蕴含的微生物的种类丰富多样，从而使腐乳具有别样风味。众多学者对腐乳中微生物群落构成进行了研究，其中程永强[3]在低温发酵腐乳中发现 1 株嗜低温的毛霉——黄色毛霉（*Mucor flavus*），同时姚翔[4]在益阳自然发酵腐乳中分离出总状毛霉（*Mucor racemosus*）和鲁氏毛霉（*Mucor roxianus*），而鲁菲[5]在青方腐乳中分离出植物乳杆菌（*Lactobacillus plantarum*）和短小奇异菌。但是，关于湖北地区腐乳微生物多样性的研究较少。

变性梯度凝胶电泳（Polymerase Chain Reaction-Denaturing Gradient Gel Electrophoresis，PCR-DGGE）技术是一种可以对微生物的群落结构及遗传多样性进行连续分析的技术[6]，同时具有重复性好、检测结果可靠以及应用范围广等优点[7]，目前应用于葡萄酒[8]、香肠[9]和奶酪[10]等领域。Illumina Miseq 高通量测序技术可以从宏基因组层面对样品中的微生物多样性进行全方位且客观的分析评价，同时克服了传统微生物学手段耗时长、工作量大等缺点[11]，广泛应用于研究肠道菌群[12]、发酵食品[13]以及环境检测[14]等方面。

本试验以恩施地区自然发酵腐乳为研究对象，利用 PCR-DGGE 结合 Illumina Miseq 高通量测序技术相结合的手段对腐乳中的微生物群落组成及多样性进行解析，同时利用传统微生物学方法分离鉴定腐乳中的乳酸菌。通过本研究的开展，可促进腐乳产业化生产，为大豆发酵食品领域提供一个重要的理论支持。

5.1.1 材料与方法

1. 材料与试剂

样品：采购于恩施市菜市场。

试剂：三羟甲基氨基甲烷、乙酸、乙二胺四乙酸、丙烯酰胺、甲叉双丙烯酰胺、去离子甲酰胺、尿素、过硫酸铵、四甲基乙二胺、乙醇、冰醋酸、甲醛、硝酸银、氢氧化钠、MRS 合成培养基：国药集团化学试剂有限公司；D5625-01 DNA 提取试剂盒、DNA marker、PCR 清洁试剂盒：北京科博汇智生物科技发展有限公司；2xPCR mix：南京诺唯赞生物科技有限公司；rTaq、dNTP mix、pMD18-T vector：大连宝生物技术有限公司；正向引物 338F（加入 7 个核苷酸标签 barcodes）和反向引物 806R、PCR 引物合成和测序：武汉天一辉远生物科技有限公司。

2. 仪器与设备

VeritiTM 96-well thermal cycler PCR 仪、NanoDrop 2000/2000c：美国 Thermo Fisher 公司；DCodeTM System：美国 Bio Red 公司；DYY-12 电泳仪：北京六一仪器厂；Miseq PE300 高通量测序平台：美国 Illumina 公司；R920 机架式服务器：美国 DELL 公司；CT15RE 冷冻离心机：日本 HITACHI 公司；Bio-5000 plus 扫描仪：上海中晶科技有限公司；Whitley DG250 厌氧工作站：英国 DWS 公司。

3. 方　法

（1）样品宏基因组提取与检测

采用试剂盒方法提取腐乳样品中的宏基因组，用 0.8%琼脂糖凝胶进行电泳检测，测定各样品宏基因组 DNA 浓度。

（2）PCR-DGGE

将宏基因组 DNA 浓度调整为一致后作为模板细菌 16s rRNA V3 区

域基因片段 PCR 扩增。采用 25 μL 体系进行 PCR 扩增：10 × PCR Buffer（含 Mg^{2+}）2.5 μL，dNTP 2 μL，上下游引物各 0.5 μL，rTaq 0.5 μL，模板 1 μL，灭菌超纯水补充至 25 μL。其中上游引物为 ALL-GC-V3F（5'-CGCCCGGGGCGCGCCCCGGGCGGCCCGGGGGCACCGGGGGCCTACGGGAGGCAGCAG-3'），下游引物为 ALL-V3R（5'-ATTACCGCGGCTGCTGG-3'）。扩增程序：95 °C 4 min，95 °C 30 s，55 °C 30 s，72 °C 30 s，30 个循环，72 °C10 min。扩增结束后，PCR 扩增产物用 2%的琼脂糖凝胶电泳检测。

采用 8%的聚丙烯酰胺(丙烯酰胺：甲叉双丙烯酰胺 = 38.93：1.07)、变性范围为 35%-52%（100%变性剂：尿素 42 g，去离子甲酰胺 40 mL）的凝胶进行分析。将凝胶置于温度为 60 °C 的 0.5 x TAE 电泳缓冲液中，于每个胶孔点样 10 μL，先电压 120 V，持续 80 min，后电压 80 V，持续 13h。电泳结束后，采用硝酸银法染色，使用扫描仪对电泳图进行观察拍照，找出各泳道优势条带并切胶，将胶块捣碎于 50 μL 无菌超纯水中，4 °C 静置过夜。用不含 GC 夹的引物（ALL-V3F 和 ALL-V3R）将回收胶块进行 PCR 扩增，扩增体系及条件同上。用清洁试剂盒纯化 PCR 产物，并与载体（PMD18-T）连接后转化到感受态细胞中进行克隆培养，筛选阳性克隆菌液送往武汉天一辉远生物科技有限公司进行测序。使用 BioEdit 软件将去除载体序列后在 NCBI 中进行同源性比对。

（3）样品细菌 16s rRNA PCR 扩增及 Miseq 高通量测序

参考王玉荣[15]方法进行样品细菌 16s rRNA PCR 扩增及 Miseq 高通量测序。采用 20 μL 扩增体系：5 × PCR 缓冲液 4 μL，dNTP mix 2 μL，上游引物 338F（5'-ACTCCTACGGGAGGCAGCA-3'）和下游引物 806R（5'-GGACTACHVGGGTWTCTAAT-3'）各 0.8 μL，rTaq 酶 0.4 μL，模板 10 ng，灭菌超纯水补充至 20 μL。扩增条件为：95 °C 预变性 3 min，95 °C 变性 30 s，55 °C 退火 30 s，72 °C 延伸 45 s，共运行 30 个循环，72 °C 延伸 10 min。扩增结束后用 1.0%琼脂糖凝胶电泳检测 PCR 扩增产物，合格后寄至上海美吉生物医药科技有限公司进行高通量测序。

（4）序列拼接及质量控制

参照于丹[16]和陈泽斌[17]的方法，在除去不合格序列、barcode 序列和引物序列的基础上，将数据序列进行拼接。同时利用 PyNAST 软件将所有的序列对齐，采用 UCLUST 算法将相似度>97%序列划分为一个操作单元（Operational Taxonomic Units，OTU），从而进行物种鉴定和相对含量分析，对腐乳中的微生物多样性进行解析。

（5）腐乳中乳酸菌的分离与鉴定

腐乳样品中乳酸菌的分离采用倍比稀释涂布法。将各样品稀释液涂布于改良 MRS 固体培养基（含 1.5% $CaCO_3$）上，置于 37 °C 厌氧培养 48 h，挑选具有不同特征且透明圈现象明显的菌落划线纯化。纯化后的菌株进行革兰氏染色镜检、过氧化氢试验及冻存。使用参考文献[18]提取各菌株 DNA，并参照张晓辉[19]方法使用通用正向引物 27F（5'-AGAGTTTGATCCTGGCTCAG-3'）和反向引物 1495R（5'-CTACGGCTACCTTGTTACGA-3'）进行 PCR 扩增和测序。测序结果分析同（3）。

4. 数据处理

通过 Origin 8.5 软件对 DGGE 图谱特征条带序列进行统计，同时对样品的稀释曲线（Rarefaction Curve）及香农指数曲线（Shannon Diversity Index Curve）的作图。系统发育树由 BioEdit 软件和 MEGA 5.0 软件共同绘制。使用 Office 2016 绘制平均相对含量>5%的属水平饼图。Venn 图由在线绘图网页（http://bioinfogp.cnb.csic.es/tools/venny/index.html）进行绘制。相对含量>1.5%的核心 OTU 热图由 Matlab 2010b 绘制。

5.1.2 结果与分析

1. 腐乳中细菌 DGGE 图谱及分析

本研究首先使用变性梯度凝胶电泳（PCR-DGGE）技术对样品 16s rRNA V3 区域细菌群落组成进行研究，如图 5-1 所示。

由图 5-1 可知，图谱中共出现 6 条明亮的条带，同时条带 1、2、4、5 和 6 是两个样品的共有条带，说明不同腐乳样品中存在一些共有的细菌种群，其中条带 1 最亮且存在于两个样品中，说明此条带所对应的细菌在腐乳中发挥着重要的作用。值得一提的是各条带亮度不同，条带 2 和条带 5 在 FR01 中亮度较高，条带 6 在 FR02 中亮度较高，表明在细菌种群丰富度存在差异。而条带 3 仅存在 FR02 样品中，说明不同腐乳样品中存在着不同的细菌菌群。进一步将各条带进行序列分析，结果如表 5-1 所示。

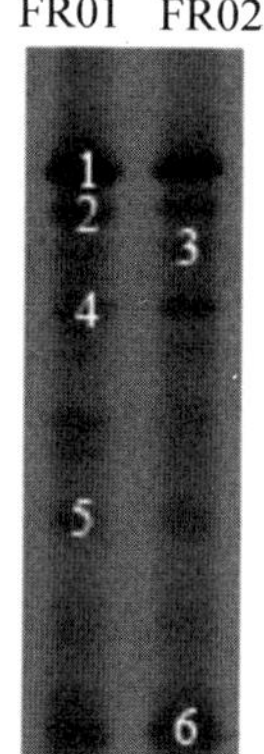

图 5-1 腐乳细菌 PCR-DGGE 图谱

表 5-1 腐乳细菌 DGGE 比对结果

菌株编号	近源种	相似度	登录号
1	*Lactobacillus plantarum*	100	MH544641.1
2	*Lactobacillus plantarum*	100	MH544641.1
3	*Halobacillus karajiensis*	100	AJ486874.2
4	*Acinetobacter oryzae*	100	MH071139.1
5	*Pseudomonas fluorescens*	99	LS483372.1
6	*Tetragenococcus halophilus*	99	NR115655.1

由表 5-1 可知，各条带序列与数据库中 16s rRNA 序列均具有较高的相似度。其中条带 1 和 2 为植物乳杆菌（*Lactobacillus plantarum*），条带 3 为嗜盐芽孢杆菌属细菌（*Halobacillus karajiensis*），条带 4 为不动杆菌属细菌（*Acinetobacter oryzae*），条带 5 为荧光假单胞杆菌（*Pseudomonas fluorescens*），条带 6 为嗜盐四联球菌（*Tetragenococcus halophilus*）。由此可知，腐乳样品中微生物构成具有多样性，而且隶属于乳杆菌属（*Lactobacillus*）的植物乳杆菌（*Lactobacillus plantarum*）为优势细菌。陈颖慧[20]利用 PCR-DGGE 技术对 4 种不同品牌腐乳中的细菌多样性进行了研究，结果发现乳酸菌属、藤黄微球菌（*Micrococcus luteus*）和屎肠球菌（*Enterococcus Faecium*）在各腐乳样品中均存在，进一步发现乳酸杆菌属（*Lactobacillus*）为优势细菌。陈浩[21]利用构建 16s rRNA 基因

文库的方法对豆酱样品进行研究，结果发现嗜盐四联球菌（*Tetragenococcus halophilus*）为优势细菌，同时不动杆菌（*Acinetobacter baylyi*）也被检测到存在于样品中。王夫杰[22]在青方腐乳中分离出植物乳杆菌（*Lactobacillus plantarum*）和干酪乳杆菌（*Lactobacillus casei*）等乳酸菌。这与上述结论相一致。

本研究进一步将各条带序列与模式菌株序列进行系统发育树的构建，结果图 5-2 所示。

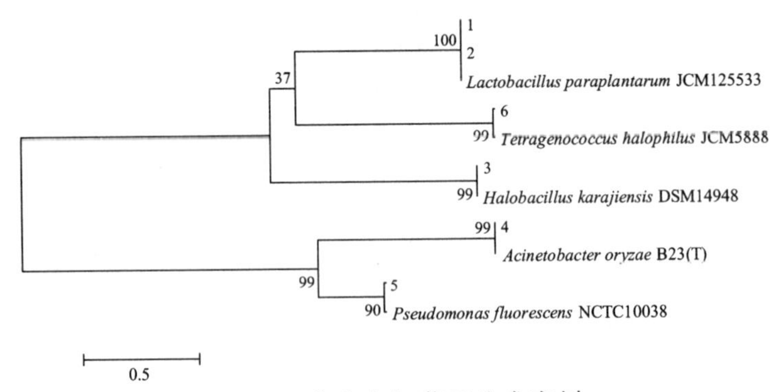

图 5-2 腐乳中细菌系统发育树

由图 5-2 可知，系统发育树被分为 2 大分支，其中条带 1 和 2 与 *Lactobacillus plantarum* 聚为一类，条带 6 与 *Tetragenococcus halophilus* 聚为一类，条带 3 与 *Halobacillus karajiensis* 聚为一类。而条带 4 和条带 5 聚集在另外一支上，其中条带 4 和 *Acinetobacter oryzae* 聚为一类，条带 5 和 *Pseudomonas fluorescens* 聚为一类。由此可知。不同腐乳样品中细菌群落构成存在一定的差异性。

2. 序列丰富度及多样性分析

通过 Miseq 高通量测序发现，两个样品共产生 78 412 条高质量 16s rRNA 序列。本研究采用两步 UCLUST 算法分别以 100%和 97%的相似度进行序列划分并建立分类操作单元（OTU），首先根据 100%相似度进行序列划分得到 33 254 条序列，根据 97%相似度进行 OTU 划分后得到 2 317 个 OTU，平均每个样品 1 158 个 OTU。当样品测序量为 36 219 条序列时，FR02 样品具有最大的细菌物种丰富度同时细菌多样性最高，其 Chao 1 指数为 611，Shannon 指数为 5.64。进一步通过稀疏曲线和香农指数曲线图对各样品产生的数据量来判定是否满足后续生物信息学分析，其结果如图 5-3 所示。

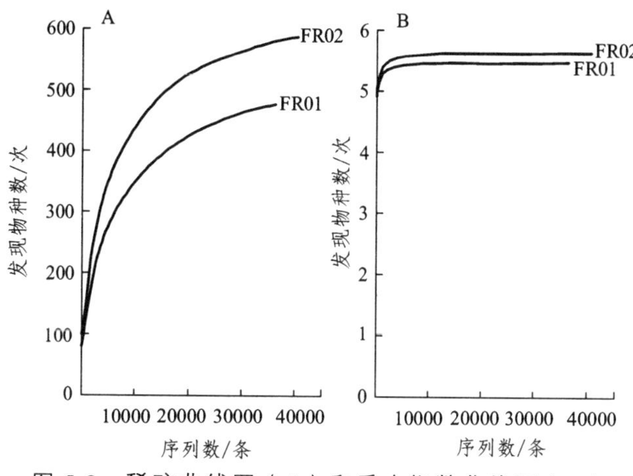

图 5-3　稀疏曲线图（A）和香农指数曲线图（B）

由图 5-3（A）可知，随着测序量不断的增加，各样品被发现 OTU 的数量也随之增加，而由图 5-3（B）可知，当序列数达到 10 000 条时，各样品的香农多样性曲线已处于饱和状态，由此可知随着测序序列数的增加，尽管会有新的细菌种系型出现，但其多样性不再发生变化，可以反映样品中绝大多数微生物物种信息。因而本研究中每个样品产生的序列数是可以将样品中细菌微生物多样性表现出来，同时可以满足后续生物信息学分析需求。

3. 基于不同分类地位腐乳样品核心细菌菌群相对含量分析

纳入本研究的序列被鉴定为 14 个门，24 个纲，53 个目，84 个科，145 个属，其中只有 5.3%的序列不能鉴定到属水平。研究发现腐乳样品中平均相对含量 > 1%的细菌门为变形菌门（Proteobacteria）、拟杆菌门（Bacteroidetes）和硬壁菌门（Firmicutes），其含量分别为 80.45%、10.7%和 6.81%。同时在 2 个样品中隶属于变形菌门（Proteobacteria）的细菌相对含量分别为 77.29%和 83.61%，隶属于拟杆菌门（Bacteroidetes）的细菌相对含量为 17.19%和 4.22%，而隶属于硬壁菌门（Firmicutes）的细菌相对平均含量为 3.76%和 9.87%。由此可知，在门水平上各样品中的微生物存在差异，本试验进一步对各样品在属水平上进行分析，如图 5-4 所示。

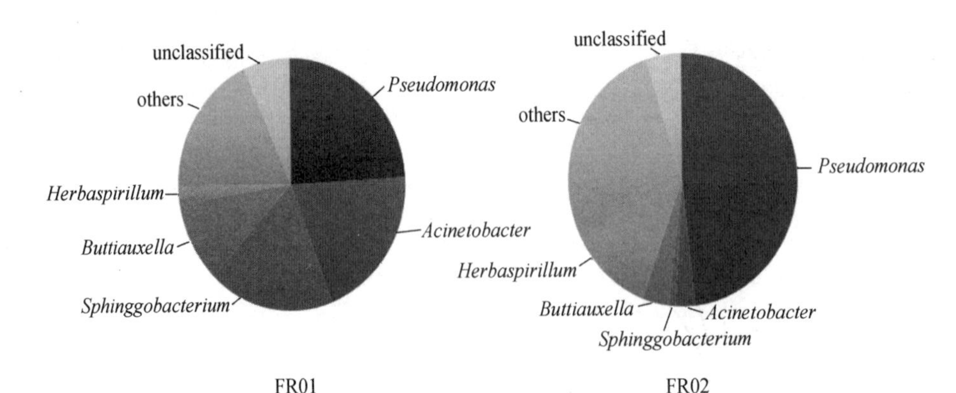

图 5-4　腐乳中优势细菌属平均相对含量比较分析

由图 5-4 可知，腐乳样品中平均相对含量>5%的细菌属包括绿脓杆菌属（*Pseudomonas*）、不动杆菌属（*Acinetobacter*）、鞘氨醇杆菌属（*Sphingobacterium*）、布丘氏菌属（*Buttiauxella*）和草螺菌属（*Herbaspirillum*），其平均相对含量分别为 33%、10.56%、8.82%、6.57% 和 6.32%。然而各细菌属在 2 个样品中的相对含量均存在很大差异，其中绿脓杆菌属（*Pseudomonas*）的相对含量分别为 22.56%和 43.46%，同时不动杆菌属（*Acinetobacter*）的相对含量分别为 18.68%和 2.43%，鞘氨醇杆菌属（*Sphingobacterium*）的相对含量分别为 16.77%和 0.88%，这与 PCR-DGGE 结果相一致。刘亚栋[23]利用 16s rDNA 测序的方法对腐乳中的微生物多样性进行鉴定分析，结果发现变形菌门（Proteobacteria）、硬壁菌门（Firmicutes）、放线菌门（Actinobacteria）和拟杆菌门（Bacteroidetes）为腐乳样品中的优势细菌门，进一步分析发现四联球菌属（*Tetragenococcus*）、盐单胞菌属（*Halanaerobium*）、*Rummeliibacillus* 属和乳酸杆菌属（*Lactobacillus*）、不动杆菌属（*Acinetobacter*）和假单胞菌属（*Pseudomonas*）均为腐乳汇样品中的优势属。这与上述结论一致。

本试验进一步统计了 OTU 在两个样品中出现次数，如图 5-5 所示。

由图 5-5 可知，在两个腐乳样品中出现 1 次的 OTU 数量分别为 1 144 个和 1 432 个，分别占 OTU 总数的 43.8%和 54.9%，序列数分别为 2183 条和 5 426 条。同时核心 OTU 共有 34 个，占 OTU 总数的 1.3%，包含 70 802 条序列。进一步分析发现有 9 个核心 OTU 的相对含量 > 1.5%，结果如图 5-6 所示。

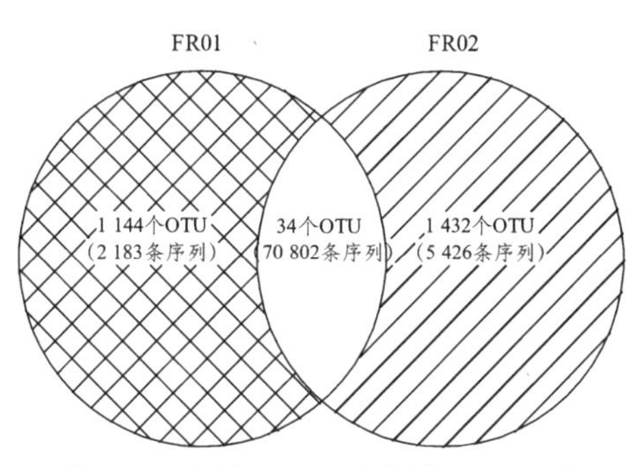

图 5-5 基于 OTU 水平的 Venn 图

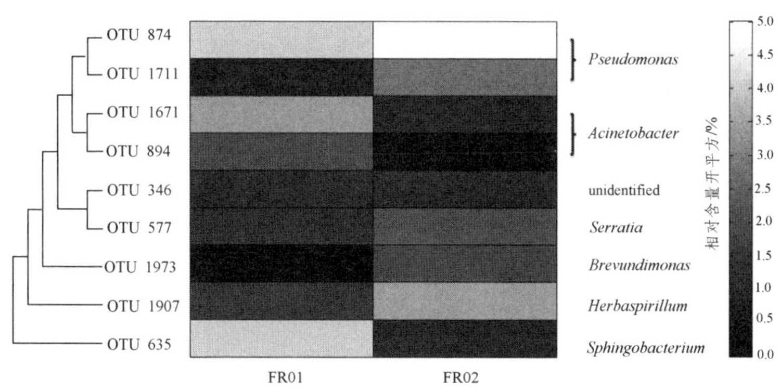

图 5-6 相对含量>1.5%的核心 OTU 热图

由图 5-6 可知，OTU874 和 OTU1711 隶属于绿脓杆菌属（*Pseudomonas*），OTU1671 和 OTU894 隶属于不动杆菌属（*Acinetobacter*），OTU577 隶属于沙雷菌属（*Serratia*），OTU1973 隶属于短波单胞菌属（*Brevundimonas*），OTU1907 隶属于草螺菌属（*Herbaspirillum*），OTU635 隶属于鞘氨醇杆菌属（*Sphingobacterium*），而 OTU346 未鉴定在属水平，只鉴定在 *Enterobacteriaceae*。同时由图 5-6 可以发现，OTU874、OTU635 和 OTU1671 在 FR01 中含量较高，其相对含量分别为 16.89%、16.73%和 11.32%，同时 OTU874 和 OTU1907 在 FR02 中含量较高，其相对含量分别为 28.56%和 11.85%。

4. 腐乳中乳酸菌分离鉴定结果及系统发育分析

通过传统微生物培养手段结合 16s rDNA 测序方法对腐乳样品中的乳酸菌进行分离与鉴定，其鉴定结果和数据库中模式菌的系统发育树如图 5-7 所示。

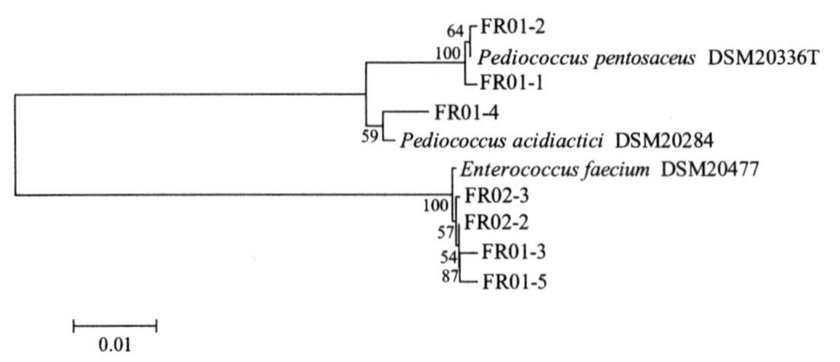

图 5-7 腐乳中乳酸菌系统发育树

由图 5-7 可知，在腐乳样品中共分离出 7 株乳酸菌，其中 2 株为戊糖片球菌（*Pediococcus pentosaceus*），1 株为乳酸片球菌（*Pediococcus acidilactici*），4 株为屎肠球菌（*Enterococcus faecium*）。由此可知，腐乳中乳酸菌种类具有多样性。

5.1.3 结 论

本文使用 PCR-DGGE 技术和 Illumina Miseq 第二代高通量测序技术相结合的手段对恩施地区腐乳中的微生物群落组成及多样性进行解析，同时利用传统纯培养的方法对其乳酸菌资源进行发掘。结果表明：隶属于变形菌门的绿脓杆菌属、不动杆菌属、鞘氨醇杆菌属、布丘氏菌属和草螺菌属为腐乳样品中的优势细菌属，同时 PCR-DGGE 技术与传统微生物培养方法显示腐乳中的微生物资源较为丰富且具有多样性。通过本研究的开展，可为传统大豆发酵食品提供优秀的菌种资源，同时更好地促进其产业化生产。

参考文献

[1] 梁彦君. 传统发酵豆制品中微生物的发掘和利用[J]. 民营科技，2018，3：33.

[2] 李大鹏，卢红梅. 微生物在腐乳生产中作用的研究进展[J]. 中国酿造，2011，8：13-16.

[3] 程永强，王晓辉，呼晴，等. 低温发酵腐乳生产菌的微生物

鉴定[J]. 食品科技，2009，34（5）：2-5.
[4] 姚翔，邓放明，陆宁. 自然发霉条件下腐乳醅中优势微生物的分离与初步鉴定[J]. 食品工业科技，2012，33(11)：209-211.
[5] 鲁菲，张京生，刘子鹏，等. 青方腐乳中乳酸菌的分离鉴定[J]. 食品与发酵工业，2006，32（4）：38-41.
[6] CHAHORM K，PRAKITCHAIWATTANA C. Application of Reverse Transcriptase-PCR-DGGE as a rapid method for routine determination of Vibrio spp. in foods[J]. International Journal of Food Microbiology，2018，264：46-52.
[7] 王俊刚，李开雄，卢士玲. PCR-DGGE 技术在食品微生物中应用的研究进展[J]. 肉类研究，2009，6：59-62.
[8] ESCRIBANO-VIANA R，LÓPEZ-ALFARO I，LÓPEZ R，et al. Impact of chemical and biological fungicides applied to grapevine on grape biofilm，must， and wine microbial diversity[J]. Frontiers in Microbiology，2018，9：59.
[9] MONTANARI C，GATTO V，TORRIANI S，et al. Effects of the diameter on physico-chemical，microbiological and volatile profile in dry fermented sausages produced with two different starter cultures[J]. Food Bioscience，2018，22：9-18.
[10] DE FREITAS MARTINS M C，DE FREITAS R，DEUVAUX J C，et al. Bacterial diversity of artisanal cheese from the Amazonian region of Brazil during the dry and rainy seasons[J]. Food Research International，2018，108：295-300.
[11] XIE G，LAN W，GAO Q，et al. Microbial community structure in fermentation process of Shaoxing rice wine by Illumina-based metagenomic sequencing[J]. Journal of the Science of Food & Agriculture，2013，93（12）：3121-3125.
[12] KASSAM F，GURRY T，ALDARMAKI A，et al. Sa1841-The impact of the gut microbiome in developing uveitis among inflammatory bowel disease patients：a case-control study[J]. Gastroenterology，2018，154（6）：S-415.
[13] SUN X，LYU G，LUAN Y，et al. Analyses of microbial community

of naturally homemade soybean pastes in Liaoning Province of China by Illumina Miseq Sequencing[J]. Food Research International，2018，111：50-57.

[14] ZHU J，CHEN L，ZHANG Y，et al. Revealing the anaerobic acclimation of microbial community in a membrane bioreactor for coking wastewater treatment by Illumina Miseq sequencing[J]. Journal of Environmental Sciences，2018，64：139-148.

[15] 王玉荣，孙永坤，代凯文，等. 基于单分子实时测序技术的3个当阳鲊广椒样品细菌多样性研究[J]. 食品工业科技，2018，39（2）：108-118.

[16] 余丹，毛娉，宋颀，等. 基于高通量测序的传统甜面酱自然发酵过程中的微生物群落结构及其动态演替[J]. 微生物学通报，2018，45（5）：1061-1072.

[17] 陈泽斌，李冰，王定康，等. 应用 Illumina MiSeq 高通量测序技术分析玉米内生细菌多样性[J]. 现代食品科技，2016，32（2）：113-120.

[18] SOARES S，AMARAL J S，OLIVEIRA M B P P，et al. Improving DNA isolation from honey for the botanical origin identification[J]. Food Control，2015，48（2）：130-136.

[19] 张晓辉，杨靖鹏，王少军，等. 浆水中细菌多样性分析及乳酸菌的分离鉴定[J]. 食品科学，2017，38（4）：70-76.

[20] 陈颖慧. PCR-DGGE 分析不同品牌腐乳中细菌的多样性[J]. 中国调味品，2017，42（7）：29-32.

[21] 陈浩，樊游，陈源源，等. 传统发酵豆制品中原核微生物多样性的研究[J]. 食品工业科技，2011，32（9）：230-232。

[22] 王夫杰，鲁绯，渠岩，等. 腐乳中乳酸菌的分离与鉴定[J]. 中国调味品，2010，35（7）：98-101.

[23] 刘亚栋. 利用 16s rDNA 测序的方法鉴定腐乳中微生物的种类多样性[D]. 济南：山东师范大学，2017.

（文章发表于《食品研究与开发》，2019 年 40 卷）

第6章 恩施市传统发酵食品和长寿老人肠道中乳酸菌和双歧杆菌分离株目录

6.1 双歧杆菌属

1. 两歧双歧杆菌 Bifidobacterium bifidum（2株）

HBUAS55051←ES-04-2。分离源：湖北恩施市老街坊福利院长寿老人粪便；分离时间：2018年；培养基和培养温度：BLM，37 °C；GenBank序列号：MH681640。

HBUAS55058←ES-12-4。分离源：湖北省恩施市社会福利院长寿老人粪便；分离时间：2018年；培养基和培养温度：BLM，37 °C；GenBank序列号：MH681647。

2. 齿双歧杆菌 *Bifidobacterium dentium*（2株）

HBUAS55054←ES-09-1。分离源：湖北恩施市老街坊福利院长寿老人粪便；分离时间：2018年；培养基和培养温度：BLM，37 °C；GenBank序列号：MH681643。

HBUAS55055←ES-10-1。分离源：湖北恩施市老街坊福利院长寿老人粪便；分离时间：2018年；培养基和培养温度：BLM，37 °C；GenBank序列号：MH681644。

3. 长双歧杆菌 *Bifidobacterium longum*（3株）

HBUAS55052←ES-04-3。分离源：湖北恩施市老街坊福利院长寿老人粪便；分离时间：2018年；培养基和培养温度：BLM，37 °C；GenBank序列号：MH681641。

HBUAS55053←ES-08-2。分离源：湖北恩施市老街坊福利院长寿老人粪便；分离时间：2018 年；培养基和培养温度：BLM，37 °C；GenBank 序列号：MH681642。

HBUAS55062←ES-20-3。分离源：湖北省恩施市社会福利院长寿老人粪便；分离时间：2018 年；培养基和培养温度：BLM，37 °C；GenBank 序列号：MH681651。

4. 假链状双歧杆菌 *Bifidobacterium pseudocatenulatum*（5 株）

HBUAS55056←ES-11-1。分离源：湖北省恩施市社会福利院长寿老人粪便；分离时间：2018 年；培养基和培养温度：BLM，37 °C；GenBank 序列号：MH681645。

HBUAS55057←ES-11-2。分离源：湖北省恩施市社会福利院长寿老人粪便；分离时间：2018 年；培养基和培养温度：BLM，37 °C；GenBank 序列号：MH681646。

HBUAS55059←ES-14-2。分离源：湖北省恩施市社会福利院长寿老人粪便；分离时间：2018 年；培养基和培养温度：BLM，37 °C；GenBank 序列号：MH681648。

HBUAS55060←ES-17-1。分离源：湖北省恩施市社会福利院长寿老人粪便；分离时间：2018 年；培养基和培养温度：BLM，37 °C；GenBank 序列号：MH681649。

HBUAS55061←ES-17-2。分离源：湖北省恩施市社会福利院长寿老人粪便；分离时间：2018 年；培养基和培养温度：BLM，37 °C；GenBank 序列号：MH681650。

6.2 肠球菌属

1. 鸟肠球菌 *Enterococcus avium*（1 株）

HBUAS54013←ES-L-05-3。分离源：湖北恩施市老街坊福利院长寿老人粪便；分离时间：2018 年；培养基和培养温度：MRS，37 °C；GenBank 序列号：MH473244。

2. 粪肠球菌 *Enterococcus faecalis*（1 株）

HBUAS54024←ES-L-10-2。分离源：湖北恩施市老街坊福利院长寿老人粪便；分离时间：2018 年；培养基和培养温度：MRS，37 °C；GenBank 序列号：MH473255。

3. 屎肠球菌 *Enterococcus faecium*（19 株）

HBUAS51054←LBS01-5。分离源：湖北省恩施市萝卜水；分离时间：2018 年；培养基和培养温度：MRS，37 °C；GenBank 序列号：MH473154。

HBUAS51058←LBS02-2。分离源：湖北省恩施市萝卜水；分离时间：2018 年；培养基和培养温度：MRS，37 °C；GenBank 序列号：MH473158。

HBUAS51065←LBS04-1。分离源：湖北省恩施市萝卜水；分离时间：2018 年；培养基和培养温度：MRS，37 °C；GenBank 序列号：MH473165。

HBUAS51082←LJS01-2。分离源：湖北省恩施市辣椒水；分离时间：2018 年；培养基和培养温度：MRS，37 °C；GenBank 序列号：MH473182。

HBUAS51087←LJS02-1。分离源：湖北省恩施市辣椒水；分离时间：2018 年；培养基和培养温度：MRS，37 °C；GenBank 序列号：MH473187。

HBUAS51089←LJS02-4。分离源：湖北省恩施市辣椒水；分离时间：2018 年；培养基和培养温度：MRS，37 °C；GenBank 序列号：MH473189。

HBUAS51124←FR01-3。分离源：湖北省恩施市腐乳；分离时间：2018 年；培养基和培养温度：MRS，37 °C；GenBank 序列号：MH473224。

HBUAS51126←FR01-5。分离源：湖北省恩施市腐乳；分离时间：2018 年；培养基和培养温度：MRS，37 °C；GenBank 序列号：MH473226。

HBUAS51127←FR02-2。分离源：湖北省恩施市腐乳；分离时间：2018 年；培养基和培养温度：MRS，37 °C；GenBank 序列号：MH473227。

HBUAS51128←FR02-3。分离源：湖北省恩施市腐乳；分离时间：2018 年；培养基和培养温度：MRS，37 °C；GenBank 序列号：MH473228。

HBUAS54014←ES-L-06-1。分离源：湖北恩施市老街坊福利院长寿老人粪便；分离时间：2018 年；培养基和培养温度：MRS，37 °C；GenBank 序列号：MH473245。

HBUAS54015←ES-L-06-2。分离源：湖北恩施市老街坊福利院长寿老人粪便；分离时间：2018 年；培养基和培养温度：MRS，37 °C；GenBank

序列号：MH473246。

HBUAS54016←ES-L-06-3。分离源：湖北恩施市老街坊福利院长寿老人粪便；分离时间：2018 年；培养基和培养温度：MRS，37 °C；GenBank 序列号：MH473247。

HBUAS54019←ES-L-08-3。分离源：湖北恩施市老街坊福利院长寿老人粪便；分离时间：2018 年；培养基和培养温度：MRS，37 °C；GenBank 序列号：MH473250。

HBUAS54036←ES-L-14-1。分离源：湖北省恩施市社会福利院长寿老人粪便；分离时间：2018 年；培养基和培养温度：MRS，37 °C；GenBank 序列号：MH473267。

HBUAS54037←ES-L-14-2。分离源：湖北省恩施市社会福利院长寿老人粪便；分离时间：2018 年；培养基和培养温度：MRS，37 °C；GenBank 序列号：MH473268。

HBUAS54038←ES-L-14-3。分离源：湖北省恩施市社会福利院长寿老人粪便；分离时间：2018 年；培养基和培养温度：MRS，37 °C；GenBank 序列号：MH473269。

HBUAS54040←ES-L-15-2。分离源：湖北省恩施市社会福利院长寿老人粪便；分离时间：2018 年；培养基和培养温度：MRS，37 °C；GenBank 序列号：MH473271。

HBUAS54042←ES-L-15-4。分离源：湖北省恩施市社会福利院长寿老人粪便；分离时间：2018 年；培养基和培养温度：MRS，37 °C；GenBank 序列号：MH473273。

6.3 乳杆菌属

1. 食品乳杆菌 *Lactobacillus alimentarius*（7 株）

HBUAS51059←LBS02-3。分离源：湖北省恩施市萝卜水；分离时间：2018 年；培养基和培养温度：MRS，37 °C；GenBank 序列号：MH473159。

HBUAS51060←LBS02-4。分离源：湖北省恩施市萝卜水；分离时间：2018 年；培养基和培养温度：MRS，37 °C；GenBank 序列号：MH473160。

HBUAS51092←LJS03-3。分离源：湖北省恩施市辣椒水；分离时间：

2018 年；培养基和培养温度：MRS，37 °C；GenBank 序列号：MH473192。

HBUAS51104←MGC03-2。分离源：湖北省恩施市梅干菜；分离时间：2018 年；培养基和培养温度：MRS，37 °C；GenBank 序列号：MH473204。

HBUAS51119←YDTC03-4。分离源：湖北省恩施市大头菜；分离时间：2018 年；培养基和培养温度：MRS，37 °C；GenBank 序列号：MH473219。

HBUAS51120←YDTC03-5。分离源：湖北省恩施市大头菜；分离时间：2018 年；培养基和培养温度：MRS，37 °C；GenBank 序列号：MH473220。

HBUAS51143←ES6-3。分离源：湖北省恩施市鲊广椒；分离时间：2017 年；培养基和培养温度：MRS，37 °C；GenBank 序列号：MH665762。

2. 短乳杆菌 *Lactobacillus brevis*（6 株）

HBUAS51064←LBS03-5。分离源：湖北省恩施市萝卜水；分离时间：2018 年；培养基和培养温度：MRS，37 °C；GenBank 序列号：MH473164。

HBUAS51070←SCS01-4。分离源：湖北省恩施市酸菜水；分离时间：2018 年；培养基和培养温度：MRS，37 °C；GenBank 序列号：MH473170。

HBUAS51071←SCS01-5。分离源：湖北省恩施市酸菜水；分离时间：2018 年；培养基和培养温度：MRS，37 °C；GenBank 序列号：MH473171。

HBUAS51096←MGC01-2。分离源：湖北省恩施市梅干菜；分离时间：2018 年；培养基和培养温度：MRS，37 °C；GenBank 序列号：MH473196。

HBUAS51106←MGC03-4。分离源：湖北省恩施市梅干菜；分离时间：2018 年；培养基和培养温度：MRS，37 °C；GenBank 序列号：MH473206。

HBUAS51109←YDTC01-3。分离源：湖北省恩施市大头菜；分离时间：2018 年；培养基和培养温度：MRS，37 °C；GenBank 序列号：MH473209。

3. 棒状乳杆菌 *Lactobacillus coryniformis*（1 株）

HBUAS51078←SCS03-4。分离源：湖北省恩施市酸菜水；分离时间：2018 年；培养基和培养温度：MRS，37 °C；GenBank 序列号：MH473178。

4. 弯曲乳杆菌 *Lactobacillus curvatus*（1 株）

HBUAS51108←YDTC01-2。分离源：湖北省恩施市大头菜；分离时间：2018 年；培养基和培养温度：MRS，37 °C；GenBank 序列号：MH473208。

5. 香肠乳杆菌 *Lactobacillus farciminis*（3 株）

HBUAS51091←LJS03-2。分离源：湖北省恩施市辣椒水；分离时间：2018 年；培养基和培养温度：MRS，37 °C；GenBank 序列号：MH473191。

HBUAS51151←ES8-3。分离源：湖北省恩施市鲊广椒；分离时间：2017 年；培养基和培养温度：MRS，37 °C；GenBank 序列号：MH665770。

HBUAS51154←ES10-1。分离源：湖北省恩施市鲊广椒；分离时间：2017 年；培养基和培养温度：MRS，37 °C；GenBank 序列号：MH665773。

6. 发酵乳杆菌 *Lactobacillus fermentum*（32 株）

HBUAS51014←JD8-2。分离源：湖北省恩施市酸豇豆；分离时间：2018 年；培养基和培养温度：MRS，37 °C；GenBank 序列号：MH333164。

HBUAS51051←LBS01-1。分离源：湖北省恩施市萝卜水；分离时间：2018 年；培养基和培养温度：MRS，37 °C；GenBank 序列号：MH473151。

HBUAS51052←LBS01-3。分离源：湖北省恩施市萝卜水；分离时间：2018 年；培养基和培养温度：MRS，37 °C；GenBank 序列号：MH473152。

HBUAS51073←SCS02-2。分离源：湖北省恩施市酸菜水；分离时间：2018 年；培养基和培养温度：MRS，37 °C；GenBank 序列号：MH473173。

HBUAS51075←SCS03-1。分离源：湖北省恩施市酸菜水；分离时间：2018 年；培养基和培养温度：MRS，37 °C；GenBank 序列号：MH473175。

HBUAS51084←LJS01-4。分离源：湖北省恩施市辣椒水；分离时间：2018 年；培养基和培养温度：MRS，37 °C；GenBank 序列号：MH473184。

HBUAS51088←LJS02-2。分离源：湖北省恩施市辣椒水；分离时间：2018 年；培养基和培养温度：MRS，37 °C；GenBank 序列号：MH473188。

HBUAS51142←ES6-2。分离源：湖北省恩施市鲊广椒；分离时间：2017 年；培养基和培养温度：MRS，37 °C；GenBank 序列号：MH665761。

HBUAS51144←ES6-4。分离源：湖北省恩施市鲊广椒；分离时间：

2017 年；培养基和培养温度：MRS，37 °C；GenBank 序列号：MH665763。

HBUAS51148←ES7-4。分离源：湖北省恩施市鲊广椒；分离时间：2017 年；培养基和培养温度：MRS，37 °C；GenBank 序列号：MH665767。

HBUAS51172←ES17-3。分离源：湖北省恩施市鲊广椒；分离时间：2017 年；培养基和培养温度：MRS，37 °C；GenBank 序列号：MH665791。

HBUAS54002←ES-L-01-2。分离源：湖北恩施市老街坊福利院长寿老人粪便；分离时间：2018 年；培养基和培养温度：MRS，37 °C；GenBank 序列号：MH473233。

HBUAS54006←ES-L-03-1。分离源：湖北恩施市老街坊福利院长寿老人粪便；分离时间：2018 年；培养基和培养温度：MRS，37 °C；GenBank 序列号：MH473237。

HBUAS54007←ES-L-03-2。分离源：湖北恩施市老街坊福利院长寿老人粪便；分离时间：2018 年；培养基和培养温度：MRS，37 °C；GenBank 序列号：MH473238。

HBUAS54011←ES-L-05-1。分离源：湖北恩施市老街坊福利院长寿老人粪便；分离时间：2018 年；培养基和培养温度：MRS，37 °C；GenBank 序列号：MH473242。

HBUAS54017←ES-L-08-1。分离源：湖北恩施市老街坊福利院长寿老人粪便；分离时间：2018 年；培养基和培养温度：MRS，37 °C；GenBank 序列号：MH473248。

HBUAS54018←ES-L-08-2。分离源：湖北恩施市老街坊福利院长寿老人粪便；分离时间：2018 年；培养基和培养温度：MRS，37 °C；GenBank 序列号：MH473249。

HBUAS54021←ES-L-09-2。分离源：湖北恩施市老街坊福利院长寿老人粪便；分离时间：2018 年；培养基和培养温度：MRS，37 °C；GenBank 序列号：MH473252。

HBUAS54023←ES-L-10-1。分离源：湖北恩施市老街坊福利院长寿老人粪便；分离时间：2018 年；培养基和培养温度：MRS，37 °C；GenBank 序列号：MH473254。

HBUAS54028←ES-L-12-1。分离源：湖北省恩施市社会福利院长寿老人粪便；分离时间：2018 年；培养基和培养温度：MRS，37 °C；GenBank 序列号：MH473259。

HBUAS54029←ES-L-12-2。分离源：湖北省恩施市社会福利院长寿老人粪便；分离时间：2018 年；培养基和培养温度：MRS，37 °C；GenBank 序列号：MH473260。

HBUAS54030←ES-L-12-3。分离源：湖北省恩施市社会福利院长寿老人粪便；分离时间：2018 年；培养基和培养温度：MRS，37 °C；GenBank 序列号：MH473261。

HBUAS54035←ES-L-13-4。分离源：湖北省恩施市社会福利院长寿老人粪便；分离时间：2018 年；培养基和培养温度：MRS，37 °C；GenBank 序列号：MH473266。

HBUAS54039←ES-L-15-1。分离源：湖北省恩施市社会福利院长寿老人粪便；分离时间：2018 年；培养基和培养温度：MRS，37 °C；GenBank 序列号：MH473270。

HBUAS54041←ES-L-15-3。分离源：湖北省恩施市社会福利院长寿老人粪便；分离时间：2018 年；培养基和培养温度：MRS，37 °C；GenBank 序列号：MH473272。

HBUAS54043←ES-L-16-1。分离源：湖北省恩施市社会福利院长寿老人粪便；分离时间：2018 年；培养基和培养温度：MRS，37 °C；GenBank 序列号：MH473274。

HBUAS54047←ES-L-17-2。分离源：湖北省恩施市社会福利院长寿老人粪便；分离时间：2018 年；培养基和培养温度：MRS，38 °C；GenBank 序列号：MH473278。

HBUAS54048←ES-L-17-3。分离源：湖北省恩施市社会福利院长寿老人粪便；分离时间：2018 年；培养基和培养温度：MRS，39 °C；GenBank 序列号：MH473279。

HBUAS54053←ES-L-18-4。分离源：湖北省恩施市社会福利院长寿老人粪便；分离时间：2018 年；培养基和培养温度：MRS，44 °C；GenBank 序列号：MH473284。

HBUAS54054←ES-L-19-1。分离源：湖北省恩施市社会福利院长寿老人粪便；分离时间：2018 年；培养基和培养温度：MRS，45 °C；GenBank 序列号：MH473285。

HBUAS54055←ES-L-19-2。分离源：湖北省恩施市社会福利院长寿老人粪便；分离时间：2018 年；培养基和培养温度：MRS，46 °C；GenBank

序列号：MH473286。

HBUAS54056←ES-L-19-3。分离源：湖北省恩施市社会福利院长寿老人粪便；分离时间：2018年；培养基和培养温度：MRS，47 °C；GenBank序列号：MH473287。

7. 台湾乳杆菌 *Lactobacillus formosensis*（1株）

HBUAS51186←ES26-2。分离源：湖北省恩施市鲊广椒；分离时间：2017年；培养基和培养温度：MRS，37 °C；GenBank序列号：MH712144。

8. 暂无翻译 *Lactobacillus futsaii*（1株）

HBUAS51188←ES27-2。分离源：湖北省恩施市鲊广椒；分离时间：2017年；培养基和培养温度：MRS，37 °C；GenBank序列号：MH665805。

9. 粘膜乳杆菌 *Lactobacillus mucosae*（2株）

HBUAS54022←ES-L-09-3。分离源：湖北恩施市老街坊福利院长寿老人粪便；分离时间：2018年；培养基和培养温度：MRS，37 °C；GenBank序列号：MH473253。

HBUAS54005←ES-L-02-3。分离源：湖北恩施市老街坊福利院长寿老人粪便；分离时间：2018年；培养基和培养温度：MRS，37 °C；GenBank序列号：MH473236。

10. 那慕尔乳杆菌 *Lactobacillus namurensis*（1株）

HBUAS51191←ES29-1。分离源：湖北省恩施市鲊广椒；分离时间：2017年；培养基和培养温度：MRS，37 °C；GenBank序列号：MH665808。

11. 南特港乳杆菌 *Lactobacillus nantensis*（1株）

HBUAS51158←ES11-1。分离源：湖北省恩施市鲊广椒；分离时间：2017年；培养基和培养温度：MRS，37 °C；GenBank序列号：MH665777。

12. 类植物乳杆菌 *Lactobacillus paraplantarum*（2株）

HBUAS51112←YDTC02-2。分离源：湖北省恩施市大头菜；分离时间：2018 年；培养基和培养温度：MRS，37 °C；GenBank 序列号：MH473212。

HBUAS51117←YDTC03-2。分离源：湖北省恩施市大头菜；分离时间：2018 年；培养基和培养温度：MRS，37 °C；GenBank 序列号：MH473217。

13. 副干酪乳杆菌 *Lactobacillus paracasei*（5 株）

HBUAS51062←LBS03-2。分离源：湖北省恩施市萝卜水；分离时间：2018 年；培养基和培养温度：MRS，37 °C；GenBank 序列号：MH473162。

HBUAS51063←LBS03-3。分离源：湖北省恩施市萝卜水；分离时间：2018 年；培养基和培养温度：MRS，37 °C；GenBank 序列号：MH473163。

HBUAS51103←MGC03-1。分离源：湖北省恩施市梅干菜；分离时间：2018 年；培养基和培养温度：MRS，37 °C；GenBank 序列号：MH473203。

HBUAS51137←ES4-1。分离源：湖北省恩施市鲊广椒；分离时间：2017 年；培养基和培养温度：MRS，37 °C；GenBank 序列号：MH665756。

HBUAS51140←ES5-2。分离源：湖北省恩施市鲊广椒；分离时间：2017 年；培养基和培养温度：MRS，37 °C；GenBank 序列号：MH665759。

14. 植物乳杆菌 *Lactobacillus plantarum*（152 株）

HBUAS51001←JD1-2。分离源：湖北省恩施市酸豇豆；分离时间：2018 年；培养基和培养温度：MRS，37 °C；GenBank 序列号：MH333151。

HBUAS51002←JD2-1。分离源：湖北省恩施市酸豇豆；分离时间：2018 年；培养基和培养温度：MRS，37 °C；GenBank 序列号：MH333152。

HBUAS51003←JD2-2。分离源：湖北省恩施市酸豇豆；分离时间：2018 年；培养基和培养温度：MRS，37 °C；GenBank 序列号：MH333153。

HBUAS51004←JD2-3。分离源：湖北省恩施市酸豇豆；分离时间：2018 年；培养基和培养温度：MRS，37 °C；GenBank 序列号：MH333154。

HBUAS51005←JD3-1。分离源：湖北省恩施市酸豇豆；分离时间：2018 年；培养基和培养温度：MRS，37 °C；GenBank 序列号：MH333155。

HBUAS51006←JD3-2。分离源：湖北省恩施市酸豇豆；分离时间：

2018 年；培养基和培养温度：MRS，37 °C；GenBank 序列号：MH333156。

HBUAS51007←JD4-1。分离源：湖北省恩施市酸豇豆；分离时间：2018 年；培养基和培养温度：MRS，37 °C；GenBank 序列号：MH333157。

HBUAS51009←JD5-1。分离源：湖北省恩施市酸豇豆；分离时间：2018 年；培养基和培养温度：MRS，37 °C；GenBank 序列号：MH333159。

HBUAS51010←JD6-1。分离源：湖北省恩施市酸豇豆；分离时间：2018 年；培养基和培养温度：MRS，37 °C；GenBank 序列号：MH333160。

HBUAS51011←JD7-2。分离源：湖北省恩施市酸豇豆；分离时间：2018 年；培养基和培养温度：MRS，37 °C；GenBank 序列号：MH333161。

HBUAS51012←JD7-3。分离源：湖北省恩施市酸豇豆；分离时间：2018 年；培养基和培养温度：MRS，37 °C；GenBank 序列号：MH333162。

HBUAS51013←JD8-1。分离源：湖北省恩施市酸豇豆；分离时间：2018 年；培养基和培养温度：MRS，37 °C；GenBank 序列号：MH333163。

HBUAS51015←JD8-3。分离源：湖北省恩施市酸豇豆；分离时间：2018 年；培养基和培养温度：MRS，37 °C；GenBank 序列号：MH333165。

HBUAS51016←JD9-3。分离源：湖北省恩施市酸豇豆；分离时间：2018 年；培养基和培养温度：MRS，37 °C；GenBank 序列号：MH333166。

HBUAS51017←JD10-2。分离源：湖北省恩施市酸豇豆；分离时间：2018 年；培养基和培养温度：MRS，37 °C；GenBank 序列号：MH333167。

HBUAS51018←JD10-3。分离源：湖北省恩施市酸豇豆；分离时间：2018 年；培养基和培养温度：MRS，37 °C；GenBank 序列号：MH333168。

HBUAS51019←JD11-1。分离源：湖北省恩施市酸豇豆；分离时间：2018 年；培养基和培养温度：MRS，37 °C；GenBank 序列号：MH333169。

HBUAS51020←JD11-2。分离源：湖北省恩施市酸豇豆；分离时间：2018 年；培养基和培养温度：MRS，37 °C；GenBank 序列号：MH333170。

HBUAS51021←JD11-3。分离源：湖北省恩施市酸豇豆；分离时间：2018 年；培养基和培养温度：MRS，37 °C；GenBank 序列号：MH333171。

HBUAS51022←JD11-4。分离源：湖北省恩施市酸豇豆；分离时间：2018 年；培养基和培养温度：MRS，37 °C；GenBank 序列号：MH333172。

HBUAS51023←JD12-1。分离源：湖北省恩施市酸豇豆；分离时间：2018 年；培养基和培养温度：MRS，37 °C；GenBank 序列号：MH333173。

HBUAS51024←JD12-2。分离源：湖北省恩施市酸豇豆；分离时间：

2018 年；培养基和培养温度：MRS，37 °C；GenBank 序列号：MH333174。

HBUAS51025←JD13-1。分离源：湖北省恩施市酸豇豆；分离时间：2018 年；培养基和培养温度：MRS，37 °C；GenBank 序列号：MH333175。

HBUAS51026←JD13-2。分离源：湖北省恩施市酸豇豆；分离时间：2018 年；培养基和培养温度：MRS，37 °C；GenBank 序列号：MH333176。

HBUAS51027←JD13-3。分离源：湖北省恩施市酸豇豆；分离时间：2018 年；培养基和培养温度：MRS，37 °C；GenBank 序列号：MH333177。

HBUAS51028←JD13-4。分离源：湖北省恩施市酸豇豆；分离时间：2018 年；培养基和培养温度：MRS，37 °C；GenBank 序列号：MH333178。

HBUAS51029←JD14-1。分离源：湖北省恩施市酸豇豆；分离时间：2018 年；培养基和培养温度：MRS，37 °C；GenBank 序列号：MH333179。

HBUAS51030←JD14-2。分离源：湖北省恩施市酸豇豆；分离时间：2018 年；培养基和培养温度：MRS，37 °C；GenBank 序列号：MH333180。

HBUAS51031←JD14-4。分离源：湖北省恩施市酸豇豆；分离时间：2018 年；培养基和培养温度：MRS，37 °C；GenBank 序列号：MH333181。

HBUAS51032←JD15-1。分离源：湖北省恩施市酸豇豆；分离时间：2018 年；培养基和培养温度：MRS，37 °C；GenBank 序列号：MH333182。

HBUAS51033←JD15-2。分离源：湖北省恩施市酸豇豆；分离时间：2018 年；培养基和培养温度：MRS，37 °C；GenBank 序列号：MH333183。

HBUAS51034←JD15-3。分离源：湖北省恩施市酸豇豆；分离时间：2018 年；培养基和培养温度：MRS，37 °C；GenBank 序列号：MH333184。

HBUAS51035←JD16-1。分离源：湖北省恩施市酸豇豆；分离时间：2018 年；培养基和培养温度：MRS，37 °C；GenBank 序列号：MH333185。

HBUAS51036←JD17-1。分离源：湖北省恩施市酸豇豆；分离时间：2018 年；培养基和培养温度：MRS，37 °C；GenBank 序列号：MH333186。

HBUAS51037←JD17-2。分离源：湖北省恩施市酸豇豆；分离时间：2018 年；培养基和培养温度：MRS，37 °C；GenBank 序列号：MH333187。

HBUAS51038←JD18-2。分离源：湖北省恩施市酸豇豆；分离时间：2018 年；培养基和培养温度：MRS，37 °C；GenBank 序列号：MH333188。

HBUAS51039←JD19-1。分离源：湖北省恩施市酸豇豆；分离时间：2018 年；培养基和培养温度：MRS，37 °C；GenBank 序列号：MH333189。

HBUAS51040←JD19-3。分离源：湖北省恩施市酸豇豆；分离时间：

2018 年；培养基和培养温度：MRS，37 °C；GenBank 序列号：MH333190。

HBUAS51041←JD19-4。分离源：湖北省恩施市酸豇豆；分离时间：2018 年；培养基和培养温度：MRS，37 °C；GenBank 序列号：MH333191。

HBUAS51042←JD20-1。分离源：湖北省恩施市酸豇豆；分离时间：2018 年；培养基和培养温度：MRS，37 °C；GenBank 序列号：MH333192。

HBUAS51043←JD20-2。分离源：湖北省恩施市酸豇豆；分离时间：2018 年；培养基和培养温度：MRS，37 °C；GenBank 序列号：MH333193。

HBUAS51044←JD20-3。分离源：湖北省恩施市酸豇豆；分离时间：2018 年；培养基和培养温度：MRS，37 °C；GenBank 序列号：MH333194。

HBUAS51053←LBS01-4。分离源：湖北省恩施市萝卜水；分离时间：2018 年；培养基和培养温度：MRS，37 °C；GenBank 序列号：MH473153。

HBUAS51055←LBS01-6。分离源：湖北省恩施市萝卜水；分离时间：2018 年；培养基和培养温度：MRS，37 °C；GenBank 序列号：MH473155。

HBUAS51056←LBS01-8。分离源：湖北省恩施市萝卜水；分离时间：2018 年；培养基和培养温度：MRS，37 °C；GenBank 序列号：MH473156。

HBUAS51057←LBS02-1。分离源：湖北省恩施市萝卜水；分离时间：2018 年；培养基和培养温度：MRS，37 °C；GenBank 序列号：MH473157。

HBUAS51061←LBS03-1。分离源：湖北省恩施市萝卜水；分离时间：2018 年；培养基和培养温度：MRS，37 °C；GenBank 序列号：MH473161。

HBUAS51066←LBS04-2。分离源：湖北省恩施市萝卜水；分离时间：2018 年；培养基和培养温度：MRS，37 °C；GenBank 序列号：MH473166。

HBUAS51068←SCS01-2。分离源：湖北省恩施市酸菜水；分离时间：2018 年；培养基和培养温度：MRS，37 °C；GenBank 序列号：MH473168。

HBUAS51069←SCS01-3。分离源：湖北省恩施市酸菜水；分离时间：2018 年；培养基和培养温度：MRS，37 °C；GenBank 序列号：MH473169。

HBUAS51072←SCS02-1。分离源：湖北省恩施市酸菜水；分离时间：2018 年；培养基和培养温度：MRS，37 °C；GenBank 序列号：MH473172。

HBUAS51074←SCS02-3。分离源：湖北省恩施市酸菜水；分离时间：2018 年；培养基和培养温度：MRS，37 °C；GenBank 序列号：MH473174。

HBUAS51076←SCS03-2。分离源：湖北省恩施市酸菜水；分离时间：2018 年；培养基和培养温度：MRS，37 °C；GenBank 序列号：MH473176。

HBUAS51077←SCS03-3。分离源：湖北省恩施市酸菜水；分离时间：

2018 年；培养基和培养温度：MRS，37 °C；GenBank 序列号：MH473177。

HBUAS51079←SCS03-5。分离源：湖北省恩施市酸菜水；分离时间：2018 年；培养基和培养温度：MRS，37 °C；GenBank 序列号：MH473179。

HBUAS51080←SCS03-6。分离源：湖北省恩施市酸菜水；分离时间：2018 年；培养基和培养温度：MRS，37 °C；GenBank 序列号：MH473180。

HBUAS51081←LJS01-1。分离源：湖北省恩施市辣椒水；分离时间：2018 年；培养基和培养温度：MRS，37 °C；GenBank 序列号：MH473181。

HBUAS51083←LJS01-3。分离源：湖北省恩施市辣椒水；分离时间：2018 年；培养基和培养温度：MRS，37 °C；GenBank 序列号：MH473183。

HBUAS51085←LJS01-6。分离源：湖北省恩施市辣椒水；分离时间：2018 年；培养基和培养温度：MRS，37 °C；GenBank 序列号：MH473185。

HBUAS51086←LJS01-7。分离源：湖北省恩施市辣椒水；分离时间：2018 年；培养基和培养温度：MRS，37 °C；GenBank 序列号：MH473186。

HBUAS51090←LJS03-1。分离源：湖北省恩施市辣椒水；分离时间：2018 年；培养基和培养温度：MRS，37 °C；GenBank 序列号：MH473190。

HBUAS51093←LJS03-5。分离源：湖北省恩施市辣椒水；分离时间：2018 年；培养基和培养温度：MRS，37 °C；GenBank 序列号：MH473193。

HBUAS51094←LJS03-6。分离源：湖北省恩施市辣椒水；分离时间：2018 年；培养基和培养温度：MRS，37 °C；GenBank 序列号：MH473194。

HBUAS51097←MGC01-3。分离源：湖北省恩施市梅干菜；分离时间：2018 年；培养基和培养温度：MRS，37 °C；GenBank 序列号：MH473197。

HBUAS51098←MGC01-5。分离源：湖北省恩施市梅干菜；分离时间：2018 年；培养基和培养温度：MRS，37 °C；GenBank 序列号：MH473198。

HBUAS51099←MGC02-1。分离源：湖北省恩施市梅干菜；分离时间：2018 年；培养基和培养温度：MRS，37 °C；GenBank 序列号：MH473199。

HBUAS51100←MGC02-2。分离源：湖北省恩施市梅干菜；分离时间：2018 年；培养基和培养温度：MRS，37 °C；GenBank 序列号：MH473200。

HBUAS51101←MGC02-3。分离源：湖北省恩施市梅干菜；分离时间：2018 年；培养基和培养温度：MRS，37 °C；GenBank 序列号：MH473201。

HBUAS51102←MGC02-4。分离源：湖北省恩施市梅干菜；分离时间：2018 年；培养基和培养温度：MRS，37 °C；GenBank 序列号：MH473202。

HBUAS51105←MGC03-3。分离源：湖北省恩施市梅干菜；分离时间：2018 年；培养基和培养温度：MRS，37 °C；GenBank 序列号：MH473205。

HBUAS51107←YDTC01-1。分离源：湖北省恩施市大头菜；分离时间：2018 年；培养基和培养温度：MRS，37 °C；GenBank 序列号：MH473207。

HBUAS51110←YDTC01-4。分离源：湖北省恩施市大头菜；分离时间：2018 年；培养基和培养温度：MRS，37 °C；GenBank 序列号：MH473210。

HBUAS51116←YDTC03-1。分离源：湖北省恩施市大头菜；分离时间：2018 年；培养基和培养温度：MRS，37 °C；GenBank 序列号：MH473216。

HBUAS51118←YDTC03-3。分离源：湖北省恩施市大头菜；分离时间：2018 年；培养基和培养温度：MRS，37 °C；GenBank 序列号：MH473218。

HBUAS51121←YDTC03-6。分离源：湖北省恩施市大头菜；分离时间：2018 年；培养基和培养温度：MRS，37 °C；GenBank 序列号：MH473221。

HBUAS51131←ES1-1。分离源：湖北省恩施市鲊广椒；分离时间：2017 年；培养基和培养温度：MRS，37 °C；GenBank 序列号：MH715359。

HBUAS51132←ES1-2。分离源：湖北省恩施市鲊广椒；分离时间：2017 年；培养基和培养温度：MRS，37 °C；GenBank 序列号：MH665752。

HBUAS51133←ES1-4。分离源：湖北省恩施市鲊广椒；分离时间：2017 年；培养基和培养温度：MRS，37 °C；GenBank 序列号：MH665753。

HBUAS51134←ES2-1。分离源：湖北省恩施市鲊广椒；分离时间：2017 年；培养基和培养温度：MRS，37 °C；GenBank 序列号：MH665754。

HBUAS51135←ES2-2。分离源：湖北省恩施市鲊广椒；分离时间：

2017 年；培养基和培养温度：MRS，37 °C；GenBank 序列号：MH715355。

HBUAS51136←ES2-3。分离源：湖北省恩施市鲊广椒；分离时间：2017 年；培养基和培养温度：MRS，37 °C；GenBank 序列号：MH665755。

HBUAS51138←ES4-2。分离源：湖北省恩施市鲊广椒；分离时间：2017 年；培养基和培养温度：MRS，37 °C；GenBank 序列号：MH665757。

HBUAS51139←ES5-1。分离源：湖北省恩施市鲊广椒；分离时间：2017 年；培养基和培养温度：MRS，37 °C；GenBank 序列号：MH665758。

HBUAS51141←ES6-1。分离源：湖北省恩施市鲊广椒；分离时间：2017 年；培养基和培养温度：MRS，37 °C；GenBank 序列号：MH665760。

HBUAS51145←ES7-1。分离源：湖北省恩施市鲊广椒；分离时间：2017 年；培养基和培养温度：MRS，37 °C；GenBank 序列号：MH665764。

HBUAS51146←ES7-2。分离源：湖北省恩施市鲊广椒；分离时间：2017 年；培养基和培养温度：MRS，37 °C；GenBank 序列号：MH665765。

HBUAS51147←ES7-3。分离源：湖北省恩施市鲊广椒；分离时间：2017 年；培养基和培养温度：MRS，37 °C；GenBank 序列号：MH665766。

HBUAS51149←ES8-1。分离源：湖北省恩施市鲊广椒；分离时间：2017 年；培养基和培养温度：MRS，37 °C；GenBank 序列号：MH665768。

HBUAS51150←ES8-2。分离源：湖北省恩施市鲊广椒；分离时间：2017 年；培养基和培养温度：MRS，37 °C；GenBank 序列号：MH665769。

HBUAS51152←ES9-1。分离源：湖北省恩施市鲊广椒；分离时间：2017 年；培养基和培养温度：MRS，37 °C；GenBank 序列号：MH665771。

HBUAS51153←ES9-2。分离源：湖北省恩施市鲊广椒；分离时间：2017 年；培养基和培养温度：MRS，37 °C；GenBank 序列号：MH665772。

HBUAS51155←ES10-2。分离源：湖北省恩施市鲊广椒；分离时间：2017 年；培养基和培养温度：MRS，37 °C；GenBank 序列号：MH665774。

HBUAS51156←ES10-3。分离源：湖北省恩施市鲊广椒；分离时间：2017 年；培养基和培养温度：MRS，37 °C；GenBank 序列号：MH665775。

HBUAS51157←ES10-4。分离源：湖北省恩施市鲊广椒；分离时间：2017 年；培养基和培养温度：MRS，37 °C；GenBank 序列号：MH665776。

HBUAS51159←ES11-2。分离源：湖北省恩施市鲊广椒；分离时间：2017 年；培养基和培养温度：MRS，37 °C；GenBank 序列号：MH665778。

HBUAS51160←ES12-1。分离源：湖北省恩施市鲊广椒；分离时间：

2017年；培养基和培养温度：MRS，37 °C；GenBank序列号：MH665779。

HBUAS51161←ES12-2。分离源：湖北省恩施市鲊广椒；分离时间：2017年；培养基和培养温度：MRS，37 °C；GenBank序列号：MH665780。

HBUAS51162←ES12-3。分离源：湖北省恩施市鲊广椒；分离时间：2017年；培养基和培养温度：MRS，37 °C；GenBank序列号：MH665781。

HBUAS51163←ES13-1。分离源：湖北省恩施市鲊广椒；分离时间：2017年；培养基和培养温度：MRS，37 °C；GenBank序列号：MH665782。

HBUAS51164←ES13-2。分离源：湖北省恩施市鲊广椒；分离时间：2017年；培养基和培养温度：MRS，37 °C；GenBank序列号：MH665783。

HBUAS51165←ES14-1。分离源：湖北省恩施市鲊广椒；分离时间：2017年；培养基和培养温度：MRS，37 °C；GenBank序列号：MH665784。

HBUAS51166←ES14-2。分离源：湖北省恩施市鲊广椒；分离时间：2017年；培养基和培养温度：MRS，37 °C；GenBank序列号：MH665785。

HBUAS51167←ES14-3。分离源：湖北省恩施市鲊广椒；分离时间：2017年；培养基和培养温度：MRS，37 °C；GenBank序列号：MH665786。

HBUAS51168←ES16-1。分离源：湖北省恩施市鲊广椒；分离时间：2017年；培养基和培养温度：MRS，37 °C；GenBank序列号：MH665787。

HBUAS51169←ES16-2。分离源：湖北省恩施市鲊广椒；分离时间：2017年；培养基和培养温度：MRS，37 °C；GenBank序列号：MH665788。

HBUAS51170←ES17-1。分离源：湖北省恩施市鲊广椒；分离时间：2017年；培养基和培养温度：MRS，37 °C；GenBank序列号：MH665789。

HBUAS51171←ES17-2。分离源：湖北省恩施市鲊广椒；分离时间：2017年；培养基和培养温度：MRS，37 °C；GenBank序列号：MH665790。

HBUAS51173←ES17-4。分离源：湖北省恩施市鲊广椒；分离时间：2017年；培养基和培养温度：MRS，37 °C；GenBank序列号：MH665792。

HBUAS51174←ES18-1。分离源：湖北省恩施市鲊广椒；分离时间：2017年；培养基和培养温度：MRS，37 °C；GenBank序列号：MH665793。

HBUAS51175←ES19-1。分离源：湖北省恩施市鲊广椒；分离时间：2017年；培养基和培养温度：MRS，37 °C；GenBank序列号：MH665794。

HBUAS51176←ES19-2。分离源：湖北省恩施市鲊广椒；分离时间：2017年；培养基和培养温度：MRS，37 °C；GenBank序列号：MH665795。

HBUAS51177←ES21-1。分离源：湖北省恩施市鲊广椒；分离时间：

2017 年；培养基和培养温度：MRS，37 °C；GenBank 序列号：MH712143。

HBUAS51178←ES21-2。分离源：湖北省恩施市鲊广椒；分离时间：2017 年；培养基和培养温度：MRS，37 °C；GenBank 序列号：MH665796。

HBUAS51179←ES21-3。分离源：湖北省恩施市鲊广椒；分离时间：2017 年；培养基和培养温度：MRS，37 °C；GenBank 序列号：MH665797。

HBUAS51180←ES21-4。分离源：湖北省恩施市鲊广椒；分离时间：2017 年；培养基和培养温度：MRS，37 °C；GenBank 序列号：MH665798。

HBUAS51181←ES23-1。分离源：湖北省恩施市鲊广椒；分离时间：2017 年；培养基和培养温度：MRS，37 °C；GenBank 序列号：MH665799。

HBUAS51182←ES23-2。分离源：湖北省恩施市鲊广椒；分离时间：2017 年；培养基和培养温度：MRS，37 °C；GenBank 序列号：MH665800。

HBUAS51183←ES24-1。分离源：湖北省恩施市鲊广椒；分离时间：2017 年；培养基和培养温度：MRS，37 °C；GenBank 序列号：MH665801。

HBUAS51184←ES25-1。分离源：湖北省恩施市鲊广椒；分离时间：2017 年；培养基和培养温度：MRS，37 °C；GenBank 序列号：MH665802。

HBUAS51185←ES26-1。分离源：湖北省恩施市鲊广椒；分离时间：2017 年；培养基和培养温度：MRS，37 °C；GenBank 序列号：MH665803。

HBUAS51187←ES27-1。分离源：湖北省恩施市鲊广椒；分离时间：2017 年；培养基和培养温度：MRS，37 °C；GenBank 序列号：MH665804。

HBUAS51189←ES28-1。分离源：湖北省恩施市鲊广椒；分离时间：2017 年；培养基和培养温度：MRS，37 °C；GenBank 序列号：MH665806。

HBUAS51190←ES28-2。分离源：湖北省恩施市鲊广椒；分离时间：2017 年；培养基和培养温度：MRS，37 °C；GenBank 序列号：MH665807。

HBUAS51192←ES29-2。分离源：湖北省恩施市鲊广椒；分离时间：2017 年；培养基和培养温度：MRS，37 °C；GenBank 序列号：MH665809。

HBUAS51193←ES30-1。分离源：湖北省恩施市鲊广椒；分离时间：2017 年；培养基和培养温度：MRS，37 °C；GenBank 序列号：MH665810。

HBUAS51194←ES30-2。分离源：湖北省恩施市鲊广椒；分离时间：2017 年；培养基和培养温度：MRS，37 °C；GenBank 序列号：MH665811。

HBUAS51195←ES31-1。分离源：湖北省恩施市鲊广椒；分离时间：2017 年；培养基和培养温度：MRS，37 °C；GenBank 序列号：MH665812。

HBUAS51196←ES31-2。分离源：湖北省恩施市鲊广椒；分离时间：

2017年；培养基和培养温度：MRS，37 °C；GenBank序列号：MH665813。

HBUAS51197←ES32-1。分离源：湖北省恩施市鲊广椒；分离时间：2017年；培养基和培养温度：MRS，37 °C；GenBank序列号：MH665814。

HBUAS51198←ES32-2。分离源：湖北省恩施市鲊广椒；分离时间：2017年；培养基和培养温度：MRS，37 °C；GenBank序列号：MH665815。

HBUAS51199←ES32-3。分离源：湖北省恩施市鲊广椒；分离时间：2017年；培养基和培养温度：MRS，37 °C；GenBank序列号：MH665816。

HBUAS51200←ES33-1。分离源：湖北省恩施市鲊广椒；分离时间：2017年；培养基和培养温度：MRS，37 °C；GenBank序列号：MH665817。

HBUAS51201←ES33-2。分离源：湖北省恩施市鲊广椒；分离时间：2017年；培养基和培养温度：MRS，37 °C；GenBank序列号：MH665818。

HBUAS51202←ES34-1。分离源：湖北省恩施市鲊广椒；分离时间：2017年；培养基和培养温度：MRS，37 °C；GenBank序列号：MH665819。

HBUAS51203←ES34-2。分离源：湖北省恩施市鲊广椒；分离时间：2017年；培养基和培养温度：MRS，37 °C；GenBank序列号：MH665820。

HBUAS51204←ES35-1。分离源：湖北省恩施市鲊广椒；分离时间：2017年；培养基和培养温度：MRS，37 °C；GenBank序列号：MH665821。

HBUAS51205←ES35-2。分离源：湖北省恩施市鲊广椒；分离时间：2017年；培养基和培养温度：MRS，37 °C；GenBank序列号：MH665822。

HBUAS51207←ES36-2。分离源：湖北省恩施市鲊广椒；分离时间：2017年；培养基和培养温度：MRS，37 °C；GenBank序列号：MH665824。

HBUAS51208←ES37-1。分离源：湖北省恩施市鲊广椒；分离时间：2017年；培养基和培养温度：MRS，37 °C；GenBank序列号：MH665825。

HBUAS51209←ES37-2。分离源：湖北省恩施市鲊广椒；分离时间：2017年；培养基和培养温度：MRS，37 °C；GenBank序列号：MH665826。

HBUAS51210←ES38-1。分离源：湖北省恩施市鲊广椒；分离时间：2017年；培养基和培养温度：MRS，37 °C；GenBank序列号：MH712145。

HBUAS51213←ES40-1。分离源：湖北省恩施市鲊广椒；分离时间：2017年；培养基和培养温度：MRS，37 °C；GenBank序列号：MH665829。

HBUAS51214←ES40-2。分离源：湖北省恩施市鲊广椒；分离时间：2017年；培养基和培养温度：MRS，37 °C；GenBank序列号：MH665830。

HBUAS51215←ES40-3。分离源：湖北省恩施市鲊广椒；分离时间：

2017年；培养基和培养温度：MRS，37 °C；GenBank序列号：MH665831。

HBUAS51216←ES43-1。分离源：湖北省恩施市鲊广椒；分离时间：2017年；培养基和培养温度：MRS，37 °C；GenBank序列号：MH665832。

HBUAS51217←ES43-2。分离源：湖北省恩施市鲊广椒；分离时间：2017年；培养基和培养温度：MRS，37 °C；GenBank序列号：MH665833。

HBUAS51218←ES43-3。分离源：湖北省恩施市鲊广椒；分离时间：2017年；培养基和培养温度：MRS，37 °C；GenBank序列号：MH665834。

HBUAS51219←ES43-4。分离源：湖北省恩施市鲊广椒；分离时间：2017年；培养基和培养温度：MRS，37 °C；GenBank序列号：MH665835。

HBUAS51220←ES44-1。分离源：湖北省恩施市鲊广椒；分离时间：2017年；培养基和培养温度：MRS，37 °C；GenBank序列号：MH665836。

HBUAS51221←ES44-2。分离源：湖北省恩施市鲊广椒；分离时间：2017年；培养基和培养温度：MRS，37 °C；GenBank序列号：MH665837。

HBUAS54027←ES-L-11-2。分离源：湖北省恩施市社会福利院长寿老人粪便；分离时间：2018年；培养基和培养温度：MRS，37 °C；GenBank序列号：MH473258。

HBUAS54045←ES-L-16-3。分离源：湖北省恩施市社会福利院长寿老人粪便；分离时间：2018年；培养基和培养温度：MRS，37 °C；GenBank序列号：MH473276。

15. 罗伊氏乳杆菌 *Lactobacillus reuteri*（1株）

HBUAS54057←ES-L-20-1。分离源：湖北省恩施市社会福利院长寿老人粪便；分离时间：2018年；培养基和培养温度：MRS，48 °C；GenBank序列号：MH473288。

16. 鼠李糖乳杆菌 *Lactobacillus rhamnosus*（1株）

HBUAS51008←JD4-2。分离源：湖北省恩施市酸豇豆；分离时间：2018年；培养基和培养温度：MRS，37 °C；GenBank序列号：MH333158。

17. 米酒乳杆菌 *Lactobacillus sakei*（4株）

HBUAS51111←YDTC02-1。分离源：湖北省恩施市大头菜；分离时间：2018 年；培养基和培养温度：MRS，37 °C；GenBank 序列号：MH473211。

HBUAS51113←YDTC02-3。分离源：湖北省恩施市大头菜；分离时间：2018 年；培养基和培养温度：MRS，37 °C；GenBank 序列号：MH473213。

HBUAS51114←YDTC02-4。分离源：湖北省恩施市大头菜；分离时间：2018 年；培养基和培养温度：MRS，37 °C；GenBank 序列号：MH473214。

HBUAS51115←YDTC02-5。分离源：湖北省恩施市大头菜；分离时间：2018 年；培养基和培养温度：MRS，37 °C；GenBank 序列号：MH473215。

18 唾液乳杆菌 *Lactobacillus salivarius*（19 株）

HBUAS54001←ES-L-01-1。分离源：湖北恩施市老街坊福利院长寿老人粪便；分离时间：2018 年；培养基和培养温度：MRS，37 °C；GenBank 序列号：MH473232。

HBUAS54003←ES-L-02-1。分离源：湖北恩施市老街坊福利院长寿老人粪便；分离时间：2018 年；培养基和培养温度：MRS，37 °C；GenBank 序列号：MH473234。

HBUAS54004←ES-L-02-2。分离源：湖北恩施市老街坊福利院长寿老人粪便；分离时间：2018 年；培养基和培养温度：MRS，37 °C；GenBank 序列号：MH473235。

HBUAS54008←ES-L-04-1。分离源：湖北恩施市老街坊福利院长寿老人粪便；分离时间：2018 年；培养基和培养温度：MRS，37 °C；GenBank 序列号：MH473239。

HBUAS54009←ES-L-04-2。分离源：湖北恩施市老街坊福利院长寿老人粪便；分离时间：2018 年；培养基和培养温度：MRS，37 °C；GenBank 序列号：MH473240。

HBUAS54010←ES-L-04-3。分离源：湖北恩施市老街坊福利院长寿老人粪便；分离时间：2018 年；培养基和培养温度：MRS，37 °C；GenBank 序列号：MH473241。

HBUAS54020←ES-L-09-1。分离源：湖北恩施市老街坊福利院长寿老人粪便；分离时间：2018 年；培养基和培养温度：MRS，37 °C；GenBank 序列号：MH473251。

HBUAS54025←ES-L-10-3。分离源：湖北恩施市老街坊福利院长寿老人粪便；分离时间：2018 年；培养基和培养温度：MRS，37 °C；GenBank 序列号：MH473256。

HBUAS54026←ES-L-11-1。分离源：湖北省恩施市社会福利院长寿老人粪便；分离时间：2018 年；培养基和培养温度：MRS，37 °C；GenBank 序列号：MH473257。

HBUAS54031←ES-L-12-4。分离源：湖北省恩施市社会福利院长寿老人粪便；分离时间：2018 年；培养基和培养温度：MRS，37 °C；GenBank 序列号：MH473262。

HBUAS54032←ES-L-13-1。分离源：湖北省恩施市社会福利院长寿老人粪便；分离时间：2018 年；培养基和培养温度：MRS，37 °C；GenBank 序列号：MH473263。

HBUAS54033←ES-L-13-2。分离源：湖北省恩施市社会福利院长寿老人粪便；分离时间：2018 年；培养基和培养温度：MRS，37 °C；GenBank 序列号：MH473264。

HBUAS54034←ES-L-13-3。分离源：湖北省恩施市社会福利院长寿老人粪便；分离时间：2018 年；培养基和培养温度：MRS，37 °C；GenBank 序列号：MH473265。

HBUAS54044←ES-L-16-2。分离源：湖北省恩施市社会福利院长寿老人粪便；分离时间：2018 年；培养基和培养温度：MRS，37 °C；GenBank 序列号：MH473275。

HBUAS54046←ES-L-17-1。分离源：湖北省恩施市社会福利院长寿老人粪便；分离时间：2018 年；培养基和培养温度：MRS，37 °C；GenBank 序列号：MH473277。

HBUAS54049←ES-L-17-4。分离源：湖北省恩施市社会福利院长寿老人粪便；分离时间：2018 年；培养基和培养温度：MRS，37 °C；GenBank 序列号：MH473280。

HBUAS54050←ES-L-18-1。分离源：湖北省恩施市社会福利院长寿老人粪便；分离时间：2018 年；培养基和培养温度：MRS，37 °C；GenBank 序列号：MH473281。

HBUAS54051←ES-L-18-2。分离源：湖北省恩施市社会福利院长寿老人粪便；分离时间：2018 年；培养基和培养温度：MRS，37 °C；GenBank 序列号：MH473282。

HBUAS54052←ES-L-18-3。分离源：湖北省恩施市社会福利院长寿老人粪便；分离时间：2018 年；培养基和培养温度：MRS，37 °C；GenBank 序列号：MH473283。

6.4 片球菌属

1. 乳酸片球菌 *Pediococcus acidilactici*（2 株）

HBUAS51125←FR01-4。分离源：湖北省恩施市腐乳；分离时间：2018 年；培养基和培养温度：MRS，37 °C；GenBank 序列号：MH473225。

HBUAS51206←ES36-1。分离源：湖北省恩施市鲊广椒；分离时间：2017 年；培养基和培养温度：MRS，37 °C；GenBank 序列号：MH665823。

2. 戊糖片球菌 *Pediococcus pentosaceus*（3 株）

HBUAS51067←LBS04-3。分离源：湖北省恩施市萝卜水；分离时间：2018 年；培养基和培养温度：MRS，37 °C；GenBank 序列号：MH473167。

HBUAS51122←FR01-1。分离源：湖北省恩施市腐乳；分离时间：2018 年；培养基和培养温度：MRS，37 °C；GenBank 序列号：MH473222。

HBUAS51123←FR01-2。分离源：湖北省恩施市腐乳；分离时间：2018 年；培养基和培养温度：MRS，37 °C；GenBank 序列号：MH473223。

6.5 链球菌属

1. 巴士链球菌 *Streptococcus pasteurianus*（1 株）

HBUAS54012←ES-L-05-2。分离源：湖北恩施市老街坊福利院长寿老人粪便；分离时间：2018 年；培养基和培养温度：MRS，37 °C；GenBank 序列号：MH473243。

6.6 魏斯氏菌属

1. 融合魏斯氏菌 *Weissella confusa*（1 株）

HBUAS51095←MGC01-1。分离源：湖北省恩施市梅干菜；分离时间：2018 年；培养基和培养温度：MRS，37 °C；GenBank 序列号：MH473195。

2. 类肠膜魏斯氏菌 *Weissella paramesenteroides*（1 株）

HBUAS51211←ES39-1。分离源：湖北省恩施市鲊广椒；分离时间：2017 年；培养基和培养温度：MRS，37 °C；GenBank 序列号：MH665827。

3. 绿色魏斯氏菌 *Weissella viridescens*（1 株）

HBUAS51212←ES39-2。分离源：湖北省恩施市鲊广椒；分离时间：2017 年；培养基和培养温度：MRS，37 °C；GenBank 序列号：MH665828。

附 录

附录A 乳酸菌常用培养基及配方

1. MRS 配方

酪蛋白胨 10.0 g;牛肉浸取物 10.0 g;酵母提取液 5.0 g;葡萄糖 5.0 g;乙酸钠 5.0 g; 柠檬酸二胺 2.0 g; 吐温 80 1.0 g; 磷酸氢二钾 2.0 g; 七水硫酸镁 0.2 g; 七水硫酸锰 0.05 g; 琼脂 15 g; 蒸馏水 1.0 L; pH6.8。

2. BLM 配方

在MRS 培养基的基础上每升添加50 mL 的滤菌马血清和50 mg 莫匹罗星。

附录B 可用于食品的菌种名单

1. 双歧杆菌属 *Bifidobacterium*

青春双歧杆菌 *Bifidobacterium adolescentis*
动物双歧杆菌（乳双歧杆菌） *Bifidobacterium animalis*（*Bifidobacterium lactis*）
两歧双歧杆菌 *Bifidobacterium bifidum*
短双歧杆菌 *Bifidobacterium breve*
婴儿双歧杆菌 *Bifidobacterium infantis*
长双歧杆菌 *Bifidobacterium longum*

2. 乳杆菌属 *Lactobacillus*

嗜酸乳杆菌 *Lactobacillus acidophilus*

干酪乳杆菌 *Lactobacillus casei*
卷曲乳杆菌 *Lactobacillus crispatus*
德氏乳杆菌保加利亚亚种（保加利亚乳杆菌） *Lactobacillus delbrueckii*subsp.*Bulgaricus*（*Lactobacillus bulgaricus*）
德氏乳杆菌乳亚种*Lactobacillus delbrueckii* subsp. *lactis*
发酵乳杆菌 *Lactobacillus fermentium*
格氏乳杆菌 *Lactobacillus gasseri*
瑞士乳杆菌 *Lactobacillus helveticus*
约氏乳杆菌 *Lactobacillus johnsonii*
副干酪乳杆菌 *Lactobacillus paracasei*
植物乳杆菌 *Lactobacillus plantarum*
罗伊氏乳杆菌 *Lactobacillus reuteri*
鼠李糖乳杆菌 *Lactobacillus rhamnosus*
唾液乳杆菌 *Lactobacillus salivarius*
清酒乳杆菌 *Lactobacillus sakei*

3. 链球菌属 *Streptococcus*

嗜热链球菌 *Streptococcus thermophilus*

4. 丙酸杆菌属 *Propionibacterium*

费氏丙酸杆菌谢氏亚种 *Propionibacterium freudenreichii* subsp. *shermanii*
产丙酸丙酸杆菌 *Propionibacterium acidipropionici*

5. 乳球菌属 *Lactococus*

乳酸乳球菌乳酸亚种 *Lactococcus Lactis* subsp. *Lactis*
乳酸乳球菌乳脂亚种 *Lactococcus lactis* subsp.*Cremoris*
乳酸乳球菌双乙酰亚种 *Lactococcus Lactis* subsp.*Diacetylactis*

6. 明串珠菌属 *Leuconostoc spp.*

肠膜明串珠菌肠膜亚种*Leuconostoc.mesenteroides* subsp.*mesenteroides*

7. 葡萄球菌属 *Staphylococcus*

小牛葡萄球菌 *Staphylococcus vitulinus*
木糖葡萄球菌 *Staphylococcus xylosus*
肉葡萄球菌 *Staphylococcus carnosus*

8. 芽孢杆菌属 *Bacillus*

凝结芽孢杆菌 *Bacillus coagulans*

9. 马克斯克鲁维酵母 *Kluyveromyces marxianus*

10. 片球菌属 *Pediococcus*

乳酸片球菌 *Pediococcus acidilactici*
戊糖片球菌 *Pediococcus pentosaceus*

（注：截止时间为 2018 年 7 月。）